CSS視覺辭典

Cascading Style Sheets

目錄 │ Contents

iii

CSS 視覺辭典

你手上的這本書，是花了數月才完成的。是的，這本書是熱情和辛勞的結晶，它經過細心的打造，為的是幫助你在擴展 CSS 知識的旅程上得到最多。CSS（層級樣式表）是用來美化 HTML 元素的語言。

我們希望這本書能夠成為你桌上常備的 CSS 應用指南。

1 CSS 屬性與值

在 2018 年 6 月 1 日，Chrome 瀏覽器上任一元素的 style 物件，共有 **415** 個 CSS 獨特屬性。到了 12 月 21 日，這個數字變成了 **522**。僅僅 7 個月，Chrome 就新增了超過 100 個新屬性。隨著 CSS 規格不斷演進，這樣的現象會再發生許多次。

截至目前為止，你的瀏覽器裡面有多少個屬性呢？可以用下面這段簡單的 *JavaScript* 程式碼來驗證：

```
001  // 製作一個新的 HTML 文件
002  let element = document.createElement("div");
003
004  let p = 0; // 製作計數器
005  for (index in element.style)
006      p++;
007
008  // 截至 2018 年 12 月 21 號，在 Chrome 輸出 522
009  console.log( p );
```

圖 1｜要列出瀏覽器中所有可用的 CSS 屬性，請執行以下 JavaScript 程式碼（*codepen.io 是測試 CSS 和 JavaScript 的最快方法*）。測試結果可能因瀏覽器和版本而異。

本書的編排方式是將所有屬性都依照主要類別（*位置、尺寸、版面配置、* **CSS 動畫** *等*）來分門別類。此外，我也針對所有對於呈現或改變視覺具有某種重要性的屬性，各別製作了圖表，並簡要說明了伴隨的屬性名稱和屬性值。

我們略過了許多很少使用（*或者尚未獲得所有主要瀏覽器之全面支援的*）CSS 屬性，因為它們只是製造不必要的雜亂而已。

本書內容將專注在網頁設計師和程式人員常用的屬性上。我們在 **CSS 網格**和 **Flex** 圖表製作上付諸了大量的努力。這其中也包括了 **Sass ／ SCSS** 相關的簡短教學，裡裡頭收錄了你需要最了解的相關功能。

1.1　外部放置

CSS 程式碼可以儲存在獨立的外部檔案中（此範例為 style.css），然後用下列 HTML 的 link 標籤來呼叫：

```
001  body p
002  {
003      background: white;
004      color: black;
005      font-family: Arial, sans-serif;
006      font-size: 16px;
007      line-height: 1.58;
008      text-rendering: optimizeLegibility;
009      -webkit-font-smoothing: antialiased;
010  }
```

圖 2 ｜ style.css 檔中的程式碼。

```
001  <html>
002      <head>
003          <title>Welcome to my website.</title>
004          <link rel = "stylesheet"
005                type = "text/css"
006                href = "style.css" />
007      </head>
008      <body>
009          <p>儲存在 "style.css" 中的 CSS 樣式設定
010  將會套用在這個頁面</p>
011      </body>
012  </html>
```

圖 3 ｜ 連結到外部 CSS 檔的範例。

1.2　內部放置

你也可以直接將它加到兩個 HTML 文件中的 style 標籤之間，如下所示：

```
001  <html>
002    <head>
003      <style type = "text/css">
004        body p
005        {
006            background: white;
007            color: black;
008            font-family: Arial, sans-serif;
009            font-size: 16px;
010            line-height: 1.58;
011            text-rendering: optimizeLegibility;
012           -webkit-font-smoothing: antialiased;
013        }
014      </style>
015    </head>
016    <body>
017        <p>上面 style 標籤所指定的
018  CSS 指令，會被套用到這個 HTML 段落標
019  籤中。</p>
020    </body>
021  </html>
```

圖 4 │ 你可以將 CSS 放進同一個 HTML 頁面的 style 標籤內。

1.3　行內（inline）放置

```
001  <html>
002    <head></head>
003    <body style = "font-family: Arial;">
004        <p>在瀏覽器輸出時，這個
005  段落會承襲其父容器標籤之行內定義
006  的 Arial 字型。 </p>
007    </body>
008  </html>
```

圖 5 │ 此為 HTML 原始碼中的行內位置，使用一個 HTML 元素上的 style 屬性。

3

1.4 CSS 文法—選擇器語法

現在我們已經知道 CSS 碼是放在 HTML 文件中的什麼位置了。但是在將每個屬性視覺化之前，我們最好能夠先熟悉 CSS 語言的文法 —— 也就是指定屬性和值的語法規則。

最常用的選擇器是 HTML 的標籤名稱本身。

使用標籤名稱會將所有該類型的元素都選取起來：

```
001 | body {  /* CSS 屬性放在這裡 */      }
```

圖 6 ｜ 我們用 <body> 的標籤名稱來選取它。

乍看之下，因為 HTML 文件中只有一個 body 標籤，所以這是唯一一個會被選取的東西。

但是因為 CSS 的階層式本質，任何我們加到尖括弧 < > 之間的屬性，也會套用到所有下層標籤中（也就是 body 標籤內的子元素，即使我們不特別指定它們的樣式也一樣）。

這是一個空的選擇器。它選擇了 body 標籤，但是還沒有指派任何屬性給它。

以下有幾個透過 HTML 的標籤名稱來選取元素的範例。這些再常見不過了。

```
001 /* 選取所有段落 <p> 標籤 */
002 p { }
003
004 /* 選取所有 <div> 標籤 */
005 div { }
006
007 /* 選取所有位在 <div> 標籤內的 <p> 標籤 */
008 div p { }
```

圖 7 │選取一些段落標籤。

真正的 CSS 指令會放進 {... 這裡 ...} 括弧中。

CSS 指令包含了一個選擇器和一組 property: value;。多個屬性必須用分號來分開。讓我們先來看看單一屬性，了解一下 CSS 屬性的語法：

```
001 <div id = "box">content<div>
```

圖 8 │一個 HTML 元素，其 id 特徵項（attribute）是 box。

在 CSS 中，id 變成了井字號 #，也就是 *hashtag*：

```
001 #box { property: value; }
```

當容器是完全唯一的時候，就使用 id 來標示元素。

不要用 id 來替每個 HTM 元素命名，只將它保留給全域性的父元素，或有重要任務的元素（例如經常需要更新內容的元素）。

如果我們想要一次選取超過一個元素呢？

```
001 <ul>
002     <li class = "item">1<li>
003     <li class = "item">2<li>
004     <li class = "item">3<li>
005 </li>
```

同樣的，class 特徵項會變成點（.）選擇器：

```
001 .item { line-height: 1.50; }
```

上面的範例使用了點符號來選擇數個擁有相同 class 名稱的元素，並將其 line-height 的值設為 1.50（使字體的高度變成大約 *150%*）。

在 :root 選擇器中指定 CSS 規則，會使規則套用到所有的元素上。你可以使用 :root 來設定整個文件的預設 CSS 值。

```
001 :root { font-family: Arial, sans-serif; }
```

圖 9 ｜將整個文件的預設字型設為 Arial，若沒有 Arial 就默默退而求其次，使用 *sans-serif*。你要指定多少種字型都可以，只要用逗號分開即可。

:root 選擇器也經常被用來儲存全域的 CSS 變數：

```
001 :root { --red-color: red; }
```

圖 10 ｜建立一個稱為 --red-color 的 CSS 變數，然後將它指定為 CSS 色彩值 red。

所有的 CSS 變數名稱都必須以雙短槓做開頭。

```
001 | div { color: var(--red-color); }
```

圖 11 | 現在你可以在標準的 CSS 選擇器中，使用這個 CSS 變數 --red-color 作為值。

我們剛剛討論了 :root 選取器如何協助儲存 CSS 變數，以及如何建立一個全域的 CSS 預設值。

星形選擇器的功能也相同：

```
001 | * { font-family: Arial, sans-serif; }
```

圖 12 | 用星形（* 選擇器）也能達到和 :root 一樣的效果。唯一的差別是星形選擇器選取的是文件內所有的元素，而 :root 只選取文件容器，並不包含其子元素。

雖然星形選擇器也能達到相同效果，但是用它來套用樣式到整個文件上比較不適合（請改用 :root）。

星形選擇器最好是用來選取一個特定父元素內的一整批「所有元素」：

```
001 | <div id = "parent">
002 |     <div>A</div>
003 |     <div>B</div>
004 |     <ul>
005 |         <li>1</li>
006 |         <li>2</li>
007 |     </ul>
008 |     <p>Text.</p>
009 | </div>
```

圖 13 | #parent * 選擇器可以用來選取一個父元素中的所有子元素，無論其種類為何。

多加嘗試選擇器後，你會注意到，使用不同的選擇器組合可以選取相同的 HTML 元素。

舉例來說，下列組合都選取了完全同一組元素（父元素下的所有子元素，除了父元素本身）：

```
001  /* 選取所有 #parent 的子元素 */
002  #parent * { color: blue; }
003
004  /* 使用逗號來合併多個選取器 */
005  #parent div,
006  #parent ul,
007  #parent p { color: blue; }
008
009  /* 使用 :nth-child 偽選擇器 */
010  #parent nth-child(1),
011  #parent nth-child(2),
012  #parent nth-child(3),
013  #parent nth-child(4) { color: blue; }
```

圖 14 ｜ #parent * 選擇器可以用來選取一個父元素中的所有子元素，無論其種類為何。

當然了，可以這樣做不代表你應該這樣做。這只是一個範例而已。

在上述範例中，最優雅的解決方案是 #parent。

不過每個情況、網站或應用程式都需要專屬於其結構和目的之配置。

設計選擇器乍聽之下可能是個簡單任務。不過在鑽研更複雜的 UI 之後，你會發現這並不簡單。

隨著時間過去，你的 CSS 碼會越來越複雜。

CSS 碼的複雜性與 HTML 文件本身的結構緊密相關。

因此，即使是最聰明的選擇器，也經常會與未來建立的選擇器「交錯」而產生衝突。優雅地處理 CSS 是種藝術。只有經過長期的練習，你的 CSS 選擇器製作技能才能提升！

在生產環境中執行真實的專案時，由於網頁配置的複雜性增加，你將不斷地發現，改變 CSS 屬性已經無法再產生預期的結果。

在寫 CSS 時，你常常會發現自己盯著螢幕數個小時，卻找不出為什麼它不照你要的去做。

每當程式人員忽略了一個特定的使用案例，並犯了錯誤時，經常會用 !important 來當作快速解法。

在 CSS 語句的末尾附上 !important，就可以凌駕其他任何 CSS 樣式：

```
001  /* 選取所有 #parent 的子元素 *
002  #parent * { color: blue; }
003
004  /* 僅選取 #parent 內的 div 並將顏色改為紅色 */
005  #parent div { color: red; }
006
007  /* 確認整個文件中的所有 div 都是綠色 */
008  div { color: green !important; }
```

圖 15 ｜ 使用 !important 來強制設定 CSS 樣式是很吸引人的解法。但這通常被認為是不好的做法，因為它違反了樣式表的層級邏輯！

請注意。 我建議不惜一切避免使用 *!important* 指令。雖然它看上去是在解決問題，但可能導致 CSS 碼更加僵化且難以維護。

在理想情況下，CSS 選擇器應該盡量保持簡單有效。保持平衡並非總是一件容易的事。

我通常會先在紙上規劃我的 CSS。花一點時間思考網頁的結構，並在心中記下筆記，以便設計出更好的選擇器。

1.5　屬性與值之間的關係

並非所有 CSS 屬性都是一樣的。

取決於屬性類型的不同，它的值可以是 pixels、pt、em 或 fr 為單位的**空間度量**，或者是**顏色**名稱（*red*、*blue*、*black* 等）、十六進制（*#0F0* 或 *#00FF00*）或 RGB（*r*、*g*、*b*）等格式的顏色。

有些值僅適用於特定的屬性名稱上，不能與其他屬性一起使用。舉例來說，`transform` 屬性可以採用 `rotation` 這個指定值。它以度數為單位 —— 在這裡，CSS 會要求你將 `deg` 附在數值後面：

```
001   /* 朝順時鐘方向旋轉
002      此元素 45 度 */
003
004   #box {
005       transform: rotate(45deg);
006   }
```

但這不是指定旋轉角度的唯一方法。

CSS 提供了 3 種其他類型的旋轉單位：`grad`、`rad` 和 `turn`。

```
001  /*200 梯度（也稱為 gons 或 grades）*/
002  transform: rotate(200grad);
003
004  /*1.4 弧度 */
005  transform: rotate(1.4rad);
006
007  /*0.5 轉或 180 度（1 轉 =360 度）*/
008  transform: rotate(0.5turn);
```

圖 16 ｜ 這裡我們使用了 grad（*Gradians* 梯度）、rad（*Radians* 弧度）
和 turn（*Turns* 旋轉）來作為指定 HTML 元素旋轉角度的替代方案。

以不同的方法來指定值，在許多其他 CSS 屬性中並不罕
見。 例 如 #F00、#FF0000、red、rgb（255， 255， 255） 和
rgba（255， 255， 255， 1.0）指定的都是完全相同的顏色。

1.6　CSS 註釋

在程式碼中加入註釋時，CSS 僅支援「區塊註釋」語法。

它的寫法是在文字區塊的前後加上 /* 註釋 */ 符號。

```
001  /* 使用十六進制值將字體顏色設為白色 */
002  p { color: #FFFFFF; }
003
004  /* 使用十六進制值將字體顏色設為白色 */
005  p { color: #FFF; }
006
007  /* 使用顏色名將字體顏色設為白色 */
008  p { color: white; }
009
010  /* 使用 RGB 值將字體顏色設為白色 */
011  p { color: rgb(255,255,255); }
012
013  /* 製作 CSS 變數 --white-color（留意一下雙短槓）*/
014  :root { --white-color: rgba(255, 255, 255, 1.0); }
015
016  /* 使用 CSS 變數將字體顏色設為白色 */
017  p { color: var(--white-color); }
```

圖 17 ｜注意一下相同的 color 屬性採用了不同類型的值。使用 CSS 變數
時，變數名稱前面要加上雙短槓。

你也可以將整段 CSS 碼註釋掉（comment out）：

```
001  /* 暫時停用這段 CSS */
002      content:        "hello";
003      border:         1px solid gray;
004      color:          #FFFFFF;
005      line-height:    48px;
006      padding:        32px;
007  */
```

圖 18 | 暫時停用一部分 CSS 來測試新的碼，或備註做未來參考等。

CSS 不支援行內（inline）語法 //，或更確切地說，行內語法對瀏覽器的 CSS 轉譯器沒有作用。

1.7　指派模式

CSS 中有許多與尺寸和大小相關的屬性（除了 left、top、width 和 height 等等之外，還有很多），要在這裡將全部都列出，會顯得多餘。因此，本單元中的範例將使用「屬性」一詞，來示範關鍵的「**屬性 : 值**」指派模式。

你可以使用「**屬性 : 值**」的組合來設定背景圖片、顏色以及其他基本的 HTML 元素屬性。

你也可以使用「**屬性 : 值　值　值**」，將多個值指派給單一屬性，而免去多餘的宣告。這稱為**速記**，通常是用空格來分開多個屬性值。

少了速記法，屬性的每一部分就得分列指定：

```
001   /* 背景 */
002   background-color:     black;
003   background-image:     url("image.jpg");
004   background-position:  center;
005   background-repeat:    no-repeat;
006
007   /* 速記只用了單行程式碼！ */
008   background: black url("image.jpg") center no-repeat;
```

但是 CSS 多年來經歷了不少更新。在開始探索每張 CSS 屬性的視覺圖表之前，我們必須了解 CSS 是如何解讀屬性和值的模式的。

多數屬性都使用以下的模式：

```
001   /* 最常見的模式 */
002   property: value;
003
004   /* 將屬性值用空白分開 */
005   property: value value value;
006
007   /* 將屬性值用逗號分開 */
008   property: value, value, value;
```

大小相關的屬性可以使用 calc 來計算：

```
001   /* 計算 */
002   property: calc(valuepx);
003
004   /* 在 % 和 px 之間作計算，沒問題。*/
005   property: calc(value% - valuepx);
006
007   /* 在 % 和 % 之間作計算，沒問題。*/
008   property: calc(value% - value%);
009
010   /* px 加上 px，沒問題。*/
011   property: calc(valuepx + valuepx);
```

減法、乘法和除法都遵循相同的模式。但不要用 px 值來做除法：

```
001  /*px 減掉 px，沒問題。*/
002  property: calc(valuepx - valuepx);
003
004  /* 將 px 乘以數字，沒問題。*/
005  property: calc(valuepx * number});
006
007  /* 將 px 除以數字，沒問題。*/
008  property: calc(valuepx / number});
009
010  /* 將數字除以 px，錯誤。*/
011  property: calc(number / valuepx});
```

最後一個範例會產生錯誤。使用 calc 時，不能將數字除以像素（px）值。

1.8　CSS 變數

你可以使用 CSS 變數來避免在不同的 CSS 選擇器中重複定義相同的值。CSS 變數名稱的開頭都是雙短槓 --。

```
001  /* 定義變數 --default-color*/
002  :root { --default-color: yellow; }
003
004  /* 定義變數 --variable-name*/
005  :root { --variable-name: 100px; }
006
007  /* 將背景色設為 --default-color variable*/
008  element { background-color: var(--default-color); }
009
010  /* 將 width 設為 100px*/
011  element { width: var(--variable-name); }
```

圖 19｜若要在全域範圍內定義 CSS 變數，請使用 :root 選擇器。範例中的 element 只是暫代而已，在真實情況下，它會被替換成有效的 HTML 標籤名稱。

1.8.1 局部變數

你可以建立局部變數,讓它只包含在特定的父元素中。如此一來,它們就不會擴散到全域範圍,和其他可能宣告了相同名稱的其他變數定義混淆。

```
001  // 定義一個局部變數
002  .notifications { --notification-color: blue; }
003
004  // 將變數侷限在子元素上
005  .notifications div {
006    color: var(--notification-color);
007    border: 1px solid var(--notification-color);
008  }
```

圖 20 │ 最好將變數定義侷限在使用範圍內。在任何程式語言中(例如 JavaScript)這都是好的做法,在 CSS 中也是。

1.9　SASS 樣式表

Syntactically Awesome Stylesheet 或簡稱 **SASS**,是 CSS 預處理器,它加入了目前標準 CSS 規範中沒有的新功能。

SASS 是標準 CSS 的超集,意思是 CSS 中所有可用的東西,在 SASS 中都能運行。

舊的副檔名 .sass 現已不再使用。

現在改用 .scss ── 這是 SASS 的更新(而且更好)版本。

對於進階的 CSS 專家,或者對於能理解將 for 迴圈用作 CSS 樣式指令之美妙之處的人,我們會建議使用 SCSS。

請留意，截至 2018 年 12 月 10 日為止，SASS／SCSS 仍無法在任何瀏覽器中立即使用。你必須在指令行安裝 SASS 編譯器，以便在網頁伺服器上啟用。

如果你想試試 SASS，可以到 www.codepen.io，這裡不需任何初步設定就能輕鬆使用解讀後的 SASS。**CodePen** 是專為前端設計師和工程師開發的社群程式環境。

```
001  $font: Helvetica, sans-serif;
002  $dark-gray: #333;
003
004  body {
005    font: 16px $font;
006    color: $dark-gray;
007  }
```

圖 21 ｜ SASS 變數名稱以 $ 為開頭，類似 PHP 語言！

SASS 可以做哪些事情呢？

```
001  $a: #E50C5E;
002  $b: #E16A2E;
003
004  .mixing-colors {
005    background-color: mix($a, $b, 30%);
006  }
```

圖 22 ｜這裡用了 SASS 來混合兩種以 SASS 變數 $a 和 $b 定義的顏色。

我鼓勵你自己進一步學習 SASS/SCSS，但最好在你熟悉了本書中介紹的標準 CSS 之後再進行！

1.10　層級樣式表之緣起

「層級樣式表」（Cascading Style Sheet）之所以這樣命名是有原因的。想像一下瀑布的水流向下方的石頭，被水濺落的每一顆石頭都會被打濕。同樣的，每個 CSS 樣式都承襲了套用在其父元素上的樣式。

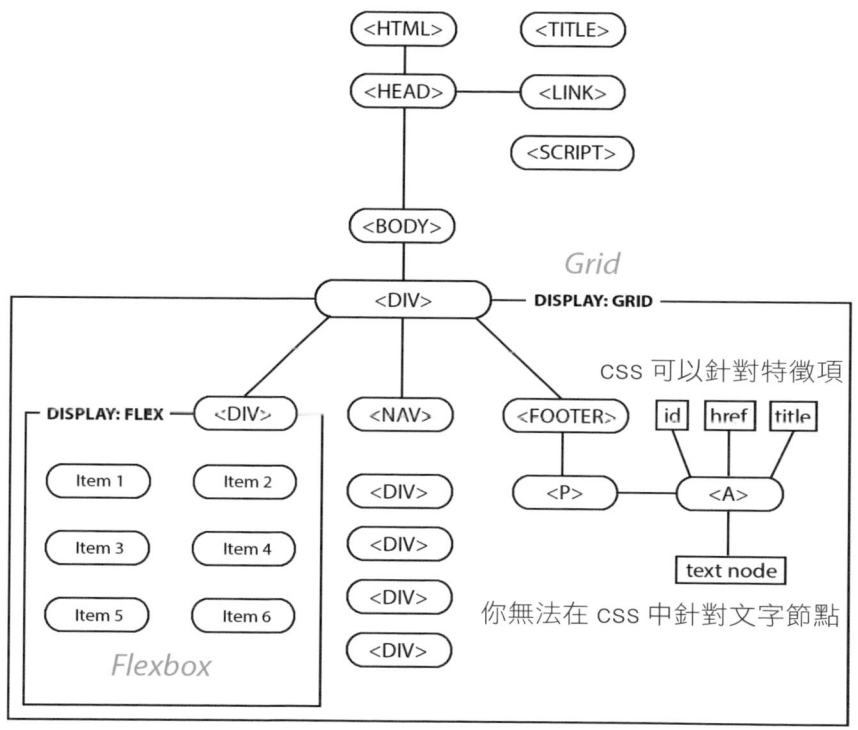

圖 23 ｜ CSS 選擇器可以貫穿文件物件模型（Document Object Model）。

CSS 樣式事實上「滴灌」了由網站的樹狀結構所組成的 DOM 層次結構。CSS 語言（尤其因為提供了許多 CSS 選擇器）使我們能夠控制這個向來難搞的過程。

讓我們來看看這個簡單的網站結構，了解 CSS 背後的基本概念：

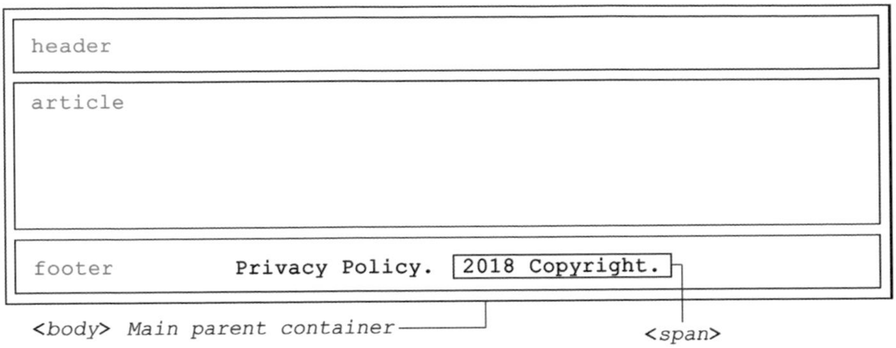

圖 24 ｜一些內嵌（nested）在主網站容器中的元素。 CSS 就像是鑷子，可以幫助我們挑出我們想套用某種樣式的元素。

如果你將黑色背景套用在 `<body>` 籤上，則其中的所有內嵌元素將自動繼承黑色背景：

```
1   body { background: black color: white; } ;
```

此樣式將沿著父元素往下層遞，使以下的所有 HTML 元素都繼承了黑底白字：

```
001  <body>
002    <header>
003      <p>Website header</p>
004    </header>
005    <article>
006      <p>Main content</p>
007    </article>
008    <footer>
009      <p>Privacy Policy. <span>&copy; 2019 Copyright</span></p>
010    </footer>
011  </body>
```

圖 25 ｜基本的 HTML 結構。

如果你想凸顯出 footer，並用紅色突顯「Privacy Policy」、用綠色突顯「2018 Copyright」一詞，則可以套用以下 CSS 指令來進一步在層級原則上擴展：

```
001 body          { background: black; color: white; }
002 footer        { color: red; }
003 footer span   { color: green; }
```

圖 26 ｜基本的 CSS 指令。

注意一下 footer 和 span 之間有個空格。在 CSS 中，空格是真實的 CSS 選擇器字元。它代表：「在前一個指定的標籤內尋找」（在這個範例中是 footer）。

1.11　CSS 選擇器

```
001 /* 選取 id 為「id」的單一元素 */
002 #id { }
003
004 /* 選取所有 class 名稱為「class1」的元素 */
005 .class1 {   }
006
007 /* 選取 id 為「parent」的層級之下
008     所有 class 名稱為「class1」的元素 */
009 #parent .class1 {   }
```

圖 27 ｜基本 CSS 選擇器。

1.12　容錯的本質

因為 CSS 是因應「網站不一定保證能夠完整下載」而生的，所以它是最寬容的語言之一，如同 HTML。如果你輸入有誤，或者由於某種原因頁面無法完全載入完成，CSS 碼就會降級到它能解讀的程度。諷刺的是，這代表你仍然可以使用 // 行內註釋，但應該避免。

1.13　常用

一些最常用的 CSS 屬性和值的組合：

```
001  /* 將字體顏色設為白色 */
002  color: #FFFFFF;
003
004  /* 將背景顏色設為黑色 */
005  background-color: #000000;
006
007  /* 在元素四周製作寬度 1px 的藍色邊框 */
008  border: 1px solid blue;
```

```
001  /* 將字體顏色設為白色 */
002  font-family: Arial, sans-serif;
003
004  /* 將字體大小設為 16px*/
005  font-size: 16px;
006
007  /* 加上寬度 32px 的內襯 */
008  padding: 32px;
009
010  /* 在內容區四周加上寬度 16px 的邊界 */
011  margin: 16px;
```

1.14　速記屬性

讓我們來指派會影響 HTML 元素之背景影像外觀的 3 種不同屬性：

```
001  background-color: #000000;
002  background-image: url("image.jpg");
003  background-repeat: no-repeat;
004  background-position: left top;
005  background-size: cover;
006  background-atachment: fixed;
```

上面的語法可以使用單個速記屬性 background 來重寫（以空格分隔）：

background: background-color background-image background-repeat;

（還有其他 background 的組合，都可以在「背景」那一章找到。）

```
001 background: #000000 url("image.jpg") left top no-repeat fixed;
```

各種 CSS Grid 和 Flex 屬性也有速寫。

2 偽元素

偽元素以雙冒號 :: 為開頭。在這裡,「偽」只是代表它們不使用你特意手動加入 HTML 文件中的 DOM 元素。例如,文字選取元素。

2.1 ::after

```
p::after { content: "Added After"; }
```

| `<p>` | One of the often overlooked features of CSS are the pseudo-element selectors. | `</p>` | 加到後面 |

2.2 ::before

```
p::before { content: "Added Before"; }
```

| 加到後面 | `<p>` | One of the often overlooked features of CSS are the pseudo-element selectors. | `</p>` |

2.3 ::first-letter

```
p::first-letter { font-size: 200%; }
```

| `<p>` | One of the often overlooked features of CSS are the pseudo-element selectors. | `</p>` |

2.4　::first-line

```
p::first-line { text-transform: uppercase; }
```

`<p>`	THIS IS A LONG PARAGRAPH OF TEXT DEMONSTRATING HOW THE ::FIRST-LINE PSEUDO-ELEMENT	
	affects only the first paragraph of text even if it's part of the same paragraph tag.	`</p>`

2.5　::selection

```
::selection { background: black; color: white; caret-color: blue; }
```

The ::selection pseudo-element is applied to text selection.

2.6　::slotted(*)

Slotted 偽選擇器僅在 HTML <template> 元素的上下文中用來選取 <slots> 時有效。

```
::slotted(*) or ::slotted(element-name)
```

```
<template>
  <div>
    <slot name = "animal"></slot>
    <ul>
      <li><slot name = "kind">Cat</slot></li>
      <li><slot name = "name">Felix</slot></li>
    </ul>
  </div>
</template>
```

3　偽選擇器

在 CSS 中，偽選擇器是任何以冒號（：）為開頭的選擇器，通常會附加到另一個元素名稱（通常是父容器）的末尾。它們也稱為「偽 class」。

偽選擇器 `:first-child` 和 `:last-child` 是用來選取子元素列表中的第一個和最後一個元素。

另一個偽選擇器的範例是 `:nth-child`，它是用來選取一組元素中或甚至 HTML 表格中之列或欄的一系列元素。

我們來看一些偽選擇器的使用案例。

它們要與其他元素選擇器一起使用才會有效果。只要看看偽選擇器如何影響 HTML 表格，就能輕鬆快速地了解偽選擇器的運作原理，因為表格中的子元素有兩個維度（列 x 欄）。

你可以使用 `table tr:first-child` 來選擇第一列的所有項目：

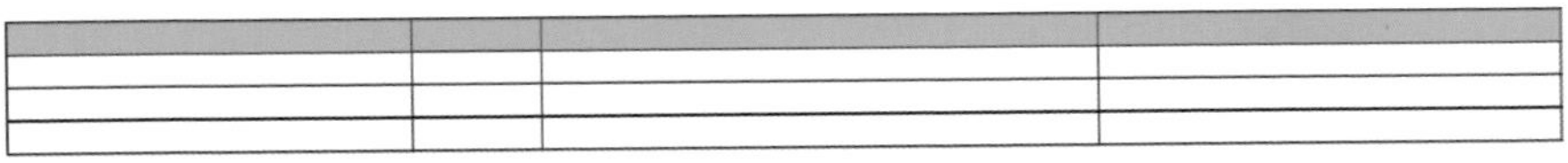

圖 28 ｜ table tr:first-child

使用 `table td:first-child` 選擇器來選擇每列的第一欄：

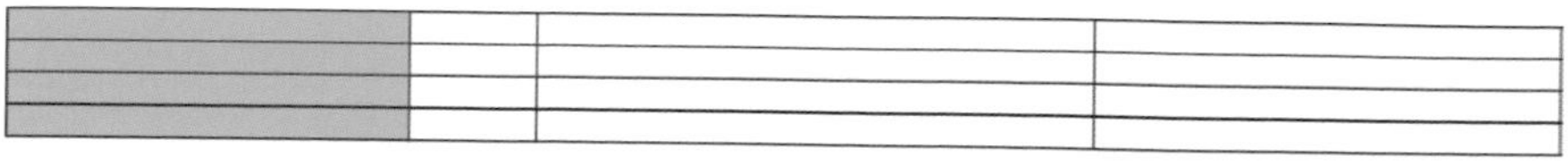

圖 29 ｜ table td:first-child

（留意一下，`td` 和 `:first-child` 之間沒有空格。這很重要，因為 `td :first-child`（有空格）是一個完全不同的選擇器。這個差異很細微，但結果是不同的，因為它的結果會等同於 `td *:first-child`。）

還記得「空格字元」本身就是一個元素層級的選擇器嗎？下面的範例結合了偽選擇器與 `tr` 和 `td`，可以精準地找出特定的欄或列：

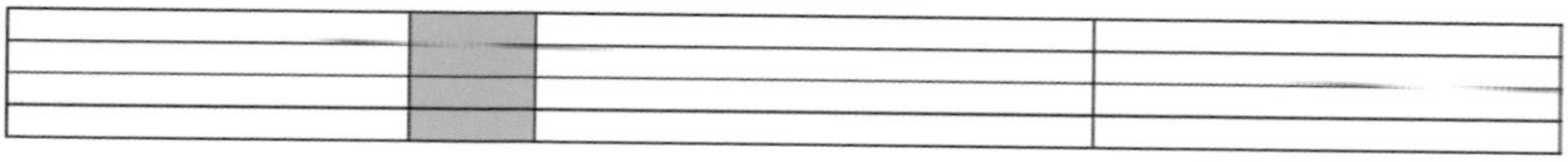

圖 30 ｜ table tr td:nth-child(2)

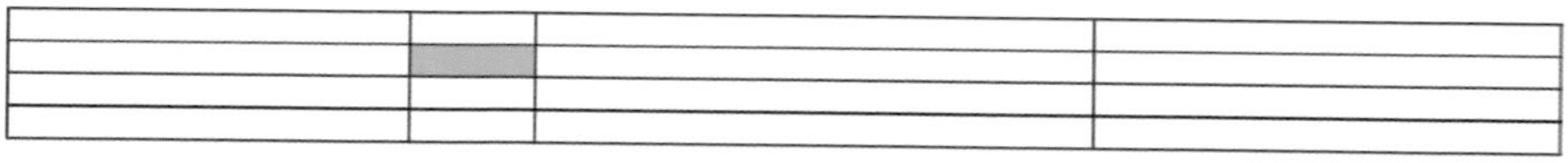

圖 31 ｜ table tr:nth-child(2) td:nth-child(2)

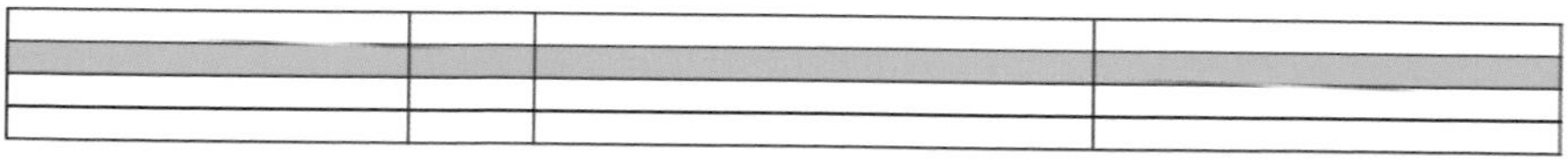

圖 32 ｜ table tr:nth-child(2)

圖 33 ｜ table tr:last-child td:last-child

相同的 **nth-child** 也適用所有其他內嵌的整組元素，例如 ul 和 li，以及其他的父／子組合。

留意一下，**空格字元**本身是選擇器的一部分。它可以協助深入父元素下的層級。

3.1　:link

:link （作用和 a[href] 相同）

```
<a href = "http://www.google.com/"> Anchor text </a>
```

:link 不選取 href-less a 元素

```
<a> href-less </a>
```

3.2　:visited

:visited 選取目前瀏覽器中已瀏覽過的連結

```
<a href = "http://www.google.com/"> Visited Link </a>
```

3.3　:hover

:hovered 選取滑鼠游標所在的連結元素

```
<a href = "http://www.google.com/"> Hovered Link </a>
```

3.4　:active

:active　選取活躍中或者「被按下」的連結

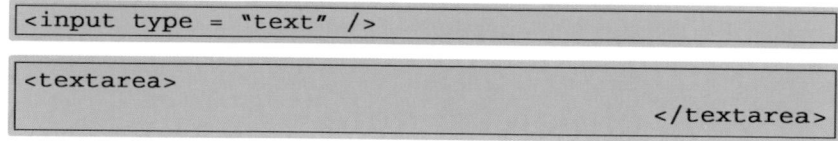

3.5　:focus

:focus　選取目前焦點（focus），包括連結、輸入和文字區域元素

```
<input type = "text" />
```

```
<textarea>
                                              </textarea>
```

3.6　:enabled

:enabled　Enabled 元素指的是活躍的（選擇、點按、輸入文字）或接受 focus 的元素。元素也可以有 disabled 的狀態，在此狀態下無法變活躍，也不能接受 focus。

3.7　:disabled

:disabled　不能夠變活躍也不能接受 focus 的元素（例如勾選框或單選鈕）

 　:checked　Checkbox or radio button.

3.8 :default

input:default 選取一個表單中的預設項目（勾選框或單選鈕）

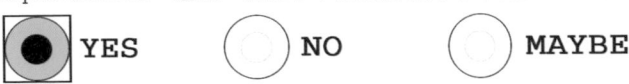

```
<form>
<input type = "radio" name = "answer" value - "YES" checked> YES</br>
<input type = "radio" name = "answer" value - "NO"> NO</br>
<input type = "radio" name = "answer" value - "MAYBE"> MAYBE</br>
</form>
```

3.9 :indeterminate

:indeterminate 沒有被指派預設狀態的勾選框或單選鈕

3.10 :required

:required 選取有 required 特徵項的 input

```
<input type = "text" required />
```

3.11 :optional

:optional 選取沒有 required 特徵項的 input

```
<input type = "text"        />
```

3.12 :read-only

:read-only 和 read-write 會選取特徵項為 readonly 和 disabled 的元素

```
<input type = "text" disabled readonly />
```

3.13　:root

選取 root DOM 元素（<html>）

<html>	</html>

3.14　:only-of-type

`li:only-of-type`

<div>						
	<ul>					
		<li>	<span>	Content.	</span>	</li>
		<li>	<span>	Content.	</span>	</li>
		<li>	<span>	Content.	</span>	</li>
	</ul>					
</div>						

3.15　:first-of-type

`div ul li:first-of-type`

<div>						
	<ul>					
		<li>	<span>	Content.	</span>	</li>
		<li>	<span>	Content.	</span>	</li>
		<li>	<span>	Content.	</span>	</li>
	</ul>					
</div>						

3.16　:nth-of-type()

`li:nth-of-type(2)`

<div>						
	<ul>					
		<li>	<span>	Content.	</span>	</li>
		<li>	<span>	Content.	</span>	</li>
		<li>	<span>	Content.	</span>	</li>
	</ul>					
</div>						

3.17   :last-of-type

```
div ul li:last-of-type
```

`<div>`						
	`<ul>`					
		`<li>`	`<span>`	Content.	`</span>`	`</li>`
		`<li>`	`<span>`	Content.	`</span>`	`</li>`
		`<li>`	`<span>`	Content.	`</span>`	`</li>`
	`</ul>`					
`</div>`						

3.18   :nth-child()

```
li:nth-child(1)
```

`<div>`						
	`<ul>`					
		`<li>`	`<span>`	Content.	`</span>`	`</li>`
		`<li>`	`<span>`	Content.	`</span>`	`</li>`
		`<li>`	`<span>`	Content.	`</span>`	`</li>`
	`</ul>`					
`</div>`						

3.19   :nth-last-child()

```
span:nth-last-child(1)
```

`<div>`						
	`<ul>`					
		`<li>`	`<span>`	Content.	`</span>`	`</li>`
		`<li>`	`<span>`	Content.	`</span>`	`</li>`
		`<li>`	`<span>`	Content.	`</span>`	`</li>`
	`</ul>`					
`</div>`						

3.20   :nth-child(odd)

`span:nth-child(odd)`

`<span>`	Content.	`</span>`
`<span>`	Content.	`</span>`
`<span>`	Content.	`</span>`
`<span>`	Content.	`</span>`

3.21   :nth-child(even)

`span:nth-child(even)`

`<span>`	Content.	`</span>`
`<span>`	Content.	`</span>`
`<span>`	Content.	`</span>`
`<span>`	Content.	`</span>`

3.22   :not()

`:not(.excluded)`

`tr#first td`	`td.excluded`
`td.excluded`	`td.default`
`td.excluded`	`td.excluded`
`td.default`	`td.excluded`

3.23　:empty

```
p::first-line { text-transform: uppercase; }
```

| `<p>` | 這是一段很長的文字，用意是展示 ::first-line 偽選擇器只會影響文字的第一個段落，即使它是在同樣的 p 標籤內。 | `</p>` |

3.24　: 內嵌的 pseudo-selectors

```
p:first-child:first-letter { font-size: 200%; }
```

| `<p>` | P seudo-selectors can be chained. | `</p>` |

3.25　:dir(rtl) and :dir(ltr)

```
:dir(rtl) or :dir(ltr)
```

`<div dir = "rtl">Right to left</div>`
`<div dir = "ltr">Left to right</div>`
`<div dir = "auto">`הבהא אוה מיהולא`</div>`

3.26　:only-child

```
:only-child
```

如果你需要選取頁面上或某個父元素內的所有元素呢？沒問題！

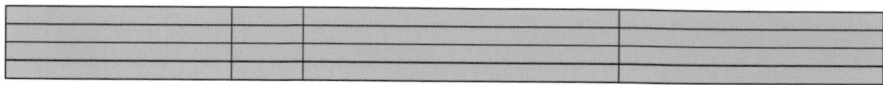

圖 34 ｜星號（＊）選擇器會選擇父元素中的所有元素。上面的範例使用了 table * 選擇器。

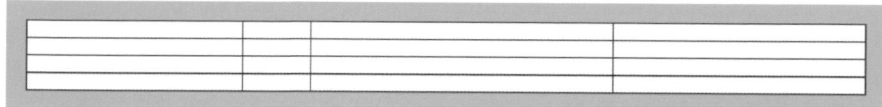

圖 35 ｜星形選擇器（＊）和 :root 之間的區別在於，:root 僅會選取沒有子元素的主 DOM 容器。

CSS 語言在這些年來歷經了變化。在新的規範中，偽選擇器（也稱為偽 class）和以偽元素（以雙冒號 :: 為開頭）之間，有明確的區分。

偽選擇器／偽 class 通常是在 DOM 中選取一個現有元素，而偽元素則通常是指未直接指定的元素。例如，你可以改變一些文字的背景顏色，或將內容附加到虛構的 :: before 和 :: after 元素上，等等。

4 CSS 盒模型

CSS 盒模型是 HTML 元素的基本結構。它的內容區域周圍有另外 3 層空間，名為：*padding*（內襯）、*border*（邊框）和外圍的 *margin*（邊距）區域。

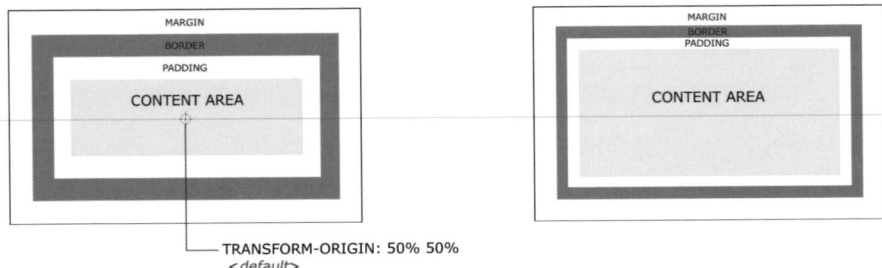

圖 36（右）│標準 CSS 盒模型包含了邊距、邊框、內襯和內容區域。如果想使用 transform 屬性來旋轉 HTML 元素的話，它會繞著元素中心點來旋轉，因為其中心點預設值為：50% 50%。如果改成 0，旋轉中心點就會被重設為元素的左上角。

盒模型最重要的概念是，在預設情況下，它的 `box-sizing` 屬性設定為 `content-box`。這點對文字內容是沒問題的，但是對區塊元素來說就不那麼方便了，因為這代表增加內襯、邊框或邊距都會改變區塊的物理尺寸。這就是 CSS 網格在預設值下施行 `border-box` 的原因。我們在稍後的章節中會討論 CSS 網格。

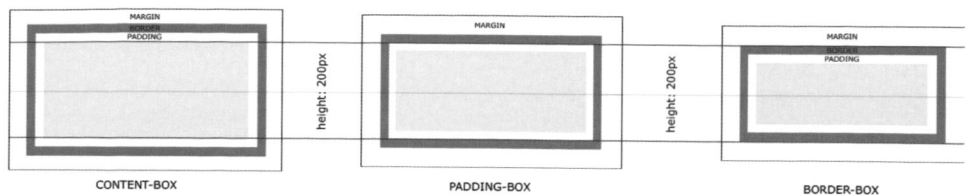

圖 37 ｜留意一下，元素之 height 的屬性值 200px 並沒有改變，但它的物理尺寸會因為 box-sizing:[content-box|padding-box|border-box] 而改變。

margin-box 是不存在的，因為在定義下，邊距是圍繞在內容區域之外。

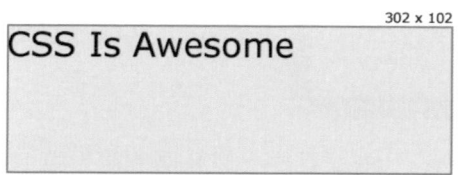

圖 38 ｜使用預設的內容 content-box 模型時，每側的 width 和 height 都增加了 2 個像素，因為四側都各加了 1px 的 border。

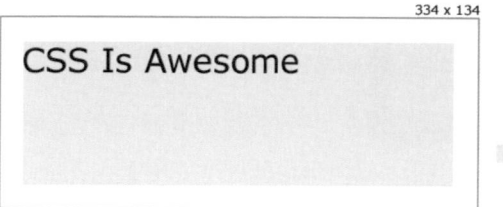

圖 39 ｜當 border 和 padding 並存時，實際的寬度變成了 334px x 134px。這比原始尺寸大了 34 像素（1px x 2 + 16px x 2 = 34px）。

```
                                           300 x 100
                                                          使用 PADDING-BOX 時，
                                                          PADDING 不影響元素尺寸

 CSS Is Awesome                                           border:      1px solid gray;
                                                          width:       300px;
                                                          height:      100px;
                                                          background:  #eee;
                                                          box-sizing:  padding-box
                                                          padding:     16px;

      用 padding-box 將 padding 放在一個盒子內
```

圖 40 │ `padding-box` 值將內襯放在內容框的內部。現在我們維持了原始尺寸，但仍內容依然有內襯。

```
                                          364 x 164
                                                        合併使用 PADDING 和 BORDER

 CSS Is Awesome                                         border:      1px solid gray;
                                                        width:       300px;
                                                        height:      100px;
                                                        background:  #eee;
                                                        box-sizing:  content-box
                                                        padding:     16px;
                                                        border:      16px;
```

圖 41 │ 在這裡，我們用 `border: 16px` 蓋掉上個範例的原始值 `border: 1px solid gray`，然後加上 `padding: 16px` 元素，現在除了原始的寬度和高度外，每側都增加了 32px 像素，使元素的各邊都增加了 64px。

```
                                          300 x 100
                                                       box-sizing: border-box

 CSS Is Awesome                                        Stuffs both border and padding
                                                       into original box of 300 x 100


                                                       BORDER-BOX 不改變原始設定的尺寸
```

圖 42 │ 使用 `border-box` 會反轉 `border` 和 `padding`，並維持元素的原始寬度和高度。如果要確保不管邊框大小或內襯厚度多少，元素都會維持完整像素尺寸的話，此選項很實用。

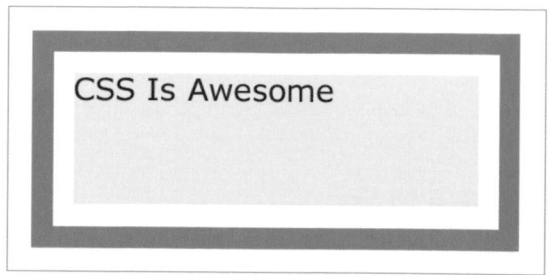

圖 43 ｜ CSS 中沒有 margin-box，因為在定義下，margin 指的是內容周圍的空間。

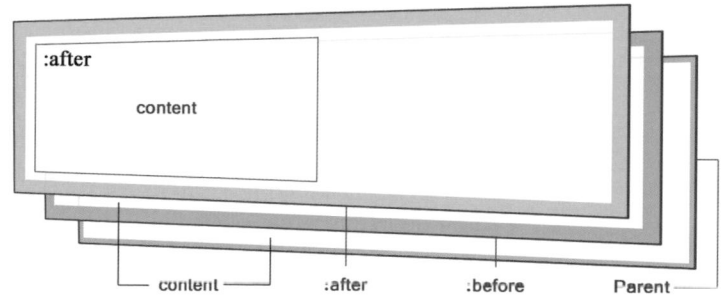

圖 44 ｜一個 HTML 元素不僅是外表而已，還有很多細節。

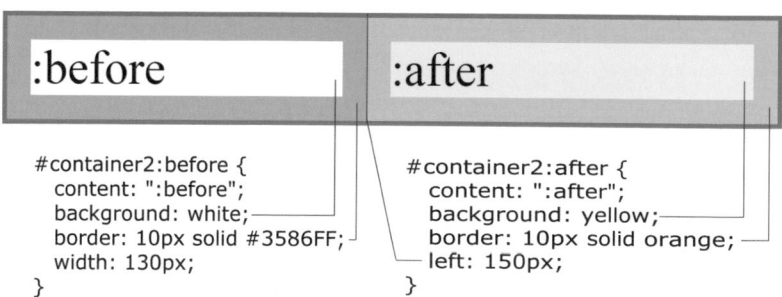

```
#container2:before {
    content: ":before";
    background: white;
    border: 10px solid #3586FF;
    width: 130px;
}
```

```
#container2:after {
    content: ":after";
    background: yellow;
    border: 10px solid orange;
    left: 150px;
}
```

圖 45 ｜ :before 和 :after 元素都是單一 HTML 元素的一部分。你甚至可以套用 position:absolute 而不必建立任何新元素就可以排列它們的位置！

5 位置

5.1 測試元素

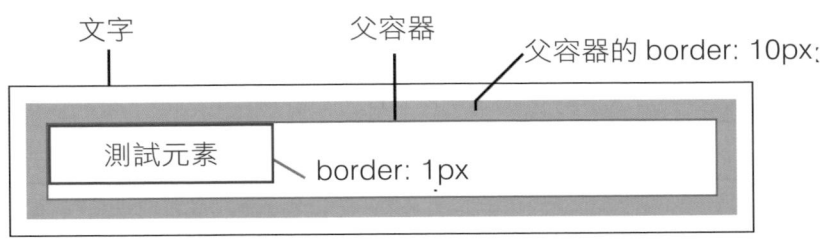

圖 46 ｜ 接下來這個關於元素位置的章節，我們將以此樣本做範例。

注意一下，這裡面事實上有 3 個元素。首先是文件本身。但理論上來說，它可以是 `<html>` 或 `<body>`，也可以是任何其他單獨的父容器。實際的樣式將套用在此父容器內的測試元素中。

在 CSS 中放置元素的位置，可能會受到父容器屬性的影響。為了示範各種狀況，在這個範例中不展示出完整的網站或軟體的配置會比較好。

位置有五種類型：`static` 靜態（預設值）、`relative` 相對、`absolute` 絕對、`fixed` 固定和 `sticky` 黏著。在本章中，我們要用視覺化的方式來做介紹。

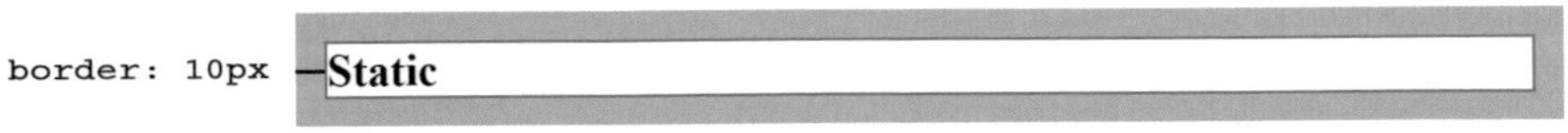

```
border: 10px ─Static
```

圖 47 ｜ 所有元素的預設值為 static。

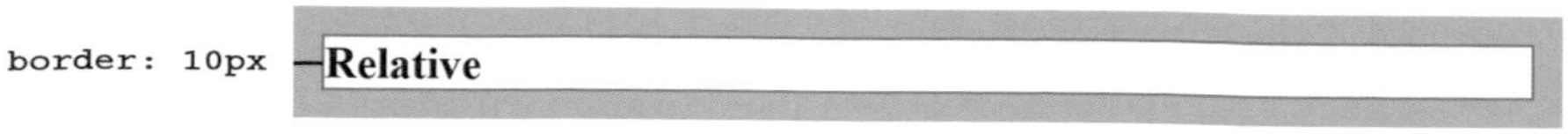

```
border: 10px ─|Relative                                          |
```

圖 48 │ relative 與 static 幾乎相同。

5.2　靜態和相對

在預設情況下，position 屬性是設定為 static，意思是元素會按照正常的 HTML 流動，依照它們在 HTML 文件中指定的順序來顯示。

靜態定位的元素不受 top、left、right 和 bottom 屬性的影響，即使設了屬性值也一樣。

為了說明差異，讓我們來建立一些基本的 CSS 樣式：

```
001  /* 加邊框到所有 <div> 元素上 */
002  div { border: 1px solid gray; }
003
004  /* 設定一些任意寬度和位置值 */
005  #A { width: 100px; top: 25px; left: 100px; }
006  #B { width: 215px; top: 50px; }
007  #C { width: 250px; top: 50px; left: 25px; }
008  #D { width: 225px; top: 65px; }
009  #E { width: 200px; top: 70px; left: 50px; }
```

圖 49 │ 讓我們來定義一些 CSS 樣式。

所有 <div> 元素都套用了 1px solid gray 的 border，以便在瀏覽器中顯示每個 HTML 元素時，可以更輕易地查看每個元素的實際尺寸。

接下來，我們將套用 position:static; 和 position:relative;
到 <div> 元素上，來查看靜態和相對位置之間的區別。

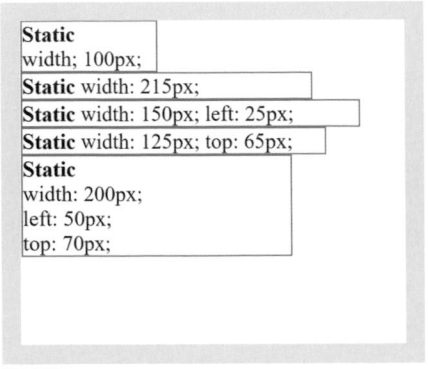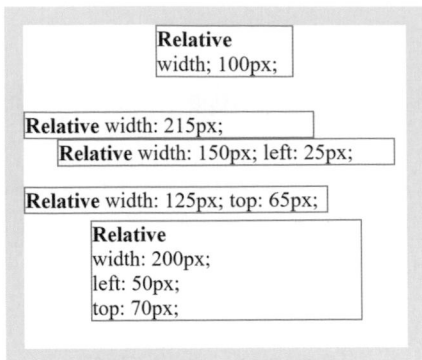

position: static;　　　　　position: relative;

圖 50 │（左）position:static;（右）相同的元素，唯一不同的是
position:relative;

本質上，static 和 relative 元素是相同的，唯一不同的是
relative 元素可以具有（相對於其原始位置的）top 和 left 偏
移。relative 元素也可以有 right 和 bottom 偏移。

使用相對位置讓文字產生偏移的效果很好。不過，使用
padding 和 margin 屬性來達到相同的效果會更恰當。你會
發現，在父元素區域內的特定位置中，要排列像圖片等等區
塊元素時，使用相對定位並不足以應付。

因此，若需要將元素放置在父容器內的精準位置時，不
應依賴 position:relative;。在此狀況下，應該使用
position:absolute。

5.3 絕對和固定

border: 10px 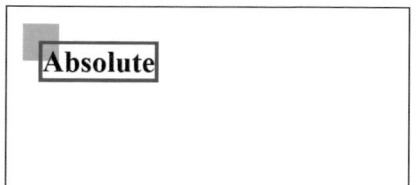   border: 10px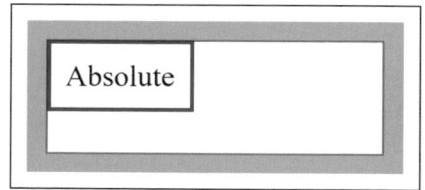

圖 51 ｜ absolute 可以用在父容器內的精準位置。fixed 元素幾乎與 absolute 相同，唯一的區別是 fixed 元素對滑桿位置不起反應。

上面的範例說明了，如果父容器沒有指定尺寸，absolute 元素和 fixed 元素會壓縮父元素。這聽起來似乎不重要，但是你會發現在設計版面時經常遇到這些狀況，尤其是將元素從 relative 切換成 absolute 位置時。

在本章中，我們會來看看一些更實際的例子。

要注意的是，如果父容器的寬度和高度沒有明確指定，在它唯一的子級元素上套用 absolute（或 fixed 值），就會將父容器尺寸壓縮為 0 x 0，不過子元素的位置依然會是相對的。

圖 52 ｜（左）絕對定位的元素不會佔據父容器的空間。它們會在上面漂浮，位置上仍然維持為相對於容器元素。（右）在此，父元素的尺寸已明確設定。從技術上來說，position:absolute 對其子元素並沒有影響，它的樞軸點仍位於父元素的 0 x 0 處。

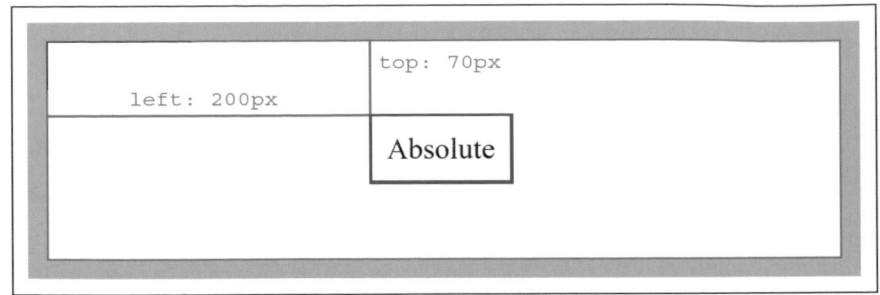

圖 53 ｜為了讓 position:absolute 的元素依照父元素進行對齊，父元素的 position 屬性不能設定為 static（預設值）。

absolute 定位的元素看起來是浮動於父容器之上。但這並非完全正確。為了理解 absolute 位置如何影響套用它的元素，我們要區分兩種經常遇到的情況。

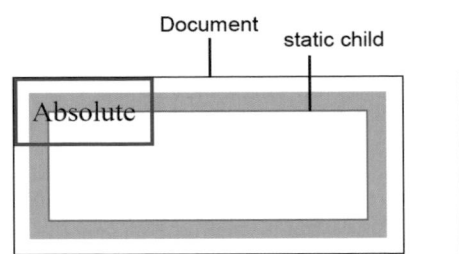

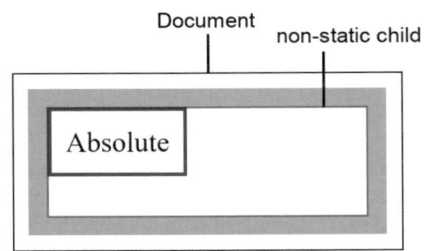

在靜態容器中的 absolute 元素，其位置依然取決於文件（它會「穿越」）。

在非靜態容器中（relative、absolute 和 sticky）的 absolute 元素，其位置則是相對於此非靜態容器。

圖 54 ｜絕對位置的元素行為取決於它是位在靜態容器還是非靜態容器中。

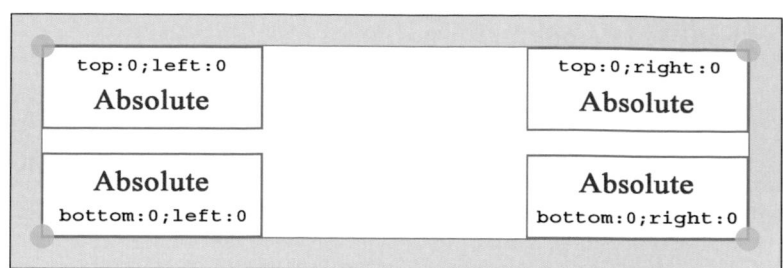

圖 55 ｜ 使用 position:absolute 讓元素對齊父容器的四個角落。

你可以組合使用 top、left、bottom 和 right 來改變偏移量的起點。你不能同時使用 left 和 right，同樣的也不能同時使用 top 和 bottom。如果一起使用，一個將蓋過另一個。

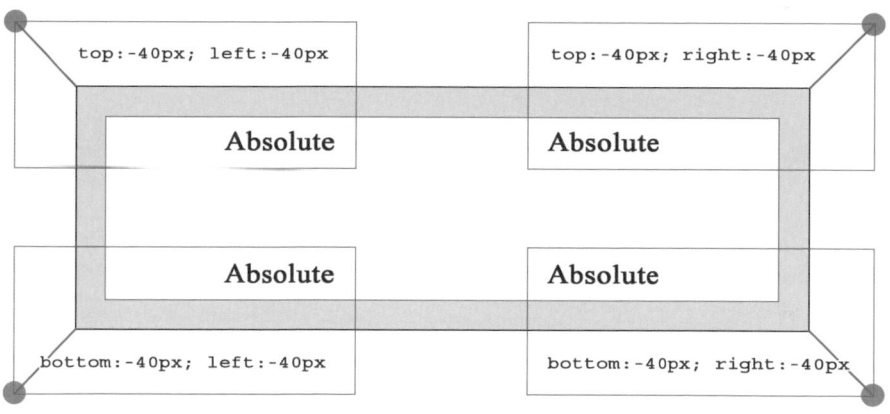

圖 56 ｜ 使用負的 position:absolute 值。

5.4　fixed

Fixed 的運作方式與 absolute 完全相同，但它對滑桿沒有反應。無論目前滑桿位置為何，元素將維持它原本被放置在螢幕上的位置（相對於文件）。

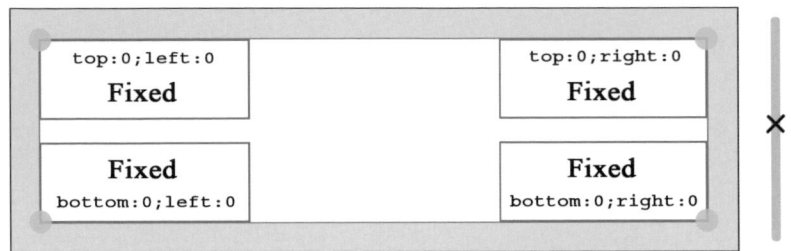

圖 57　│ 使用 position:fixed 將元素放在螢幕上的固定位置（相對於文件）。

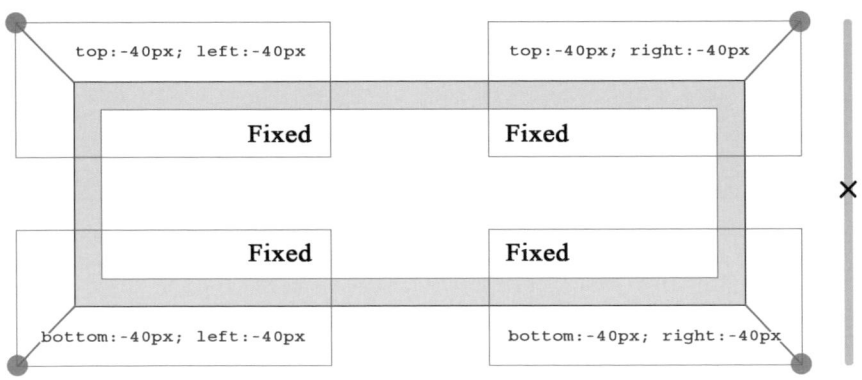

圖 58　│ 使用負的 position:fixed 值。

5.5 sticky

Sticky 是 CSS 的最新成員之一。在過去，你必須編寫自訂的 JavaScript 程式碼或媒體查詢（mdia query）才能達到相同的效果。

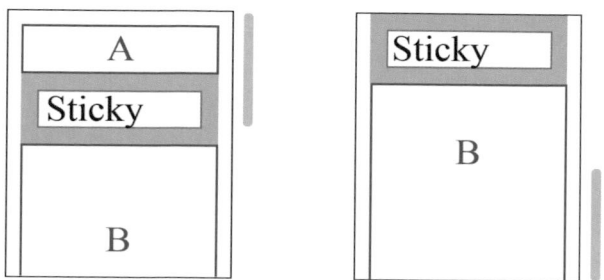

圖 59 ｜ sticky 常被用來製作浮動導覽列。

```
001  .navbar {
002      /* Define some basic setings */
003      padding: 0px;
004      border: 20px solid silver;
005      background-color: white;
006      /* Add stickiness */
007      position: -webkit-sticky;
008      position: sticky;
009      top: 0;
010  }
```

圖 60 ｜ 使導覽列「黏」在螢幕的上邊框（top:0）的簡單程式碼。注意到這裡還加了 -webkit-sticky，以便與 Webkit 的瀏覽器（例如 Chrome）相容。

6 處理文字

這裡不會放太多文字相關的圖表,因為只要瀏覽網站或使用社群媒體網站,處處都是範例。在 CSS 中改變文字的主要屬性是 `font-family`、`font-size`、`color`、`font-weight`(normal [正常] 或 bold [粗體])、`font-style`(例如 italic [斜體])和 `text-decoration`(underline [底線] 或 none [無])。

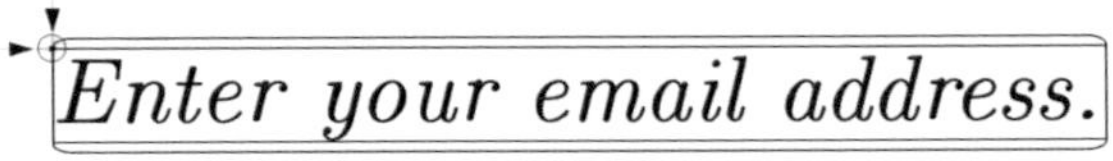

Enter your email address.

圖 61 | font-family:"CMU Classical Serif"; 是本書使用的字型。我建議你去搜尋一下,因為這是個很棒的字型。

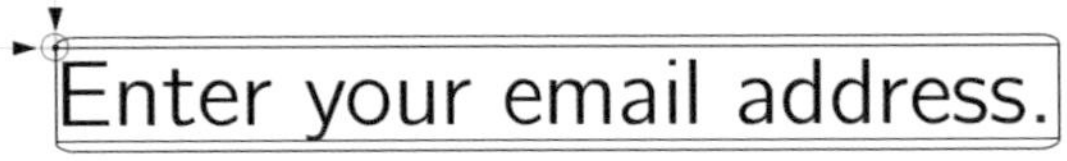

Enter your email address.

圖 62 | font-family: "CMU Bright"; 是 CMU 系列字型的變體。這個字型也很漂亮!

Enter your email address.

圖 63 | font-family: Arial, sans-serif; 是 Google 的最愛。

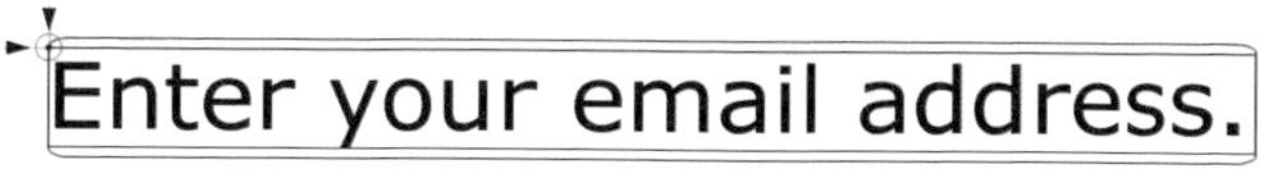

Enter your email address.

圖 64 ｜ font-family: Verdana, sans-serif。

注意一下，在這裡 sans-serif 字型是備用字型。你可以指定更多字型，中間以逗號分開。如果清單上的第一個字型無法使用，或者目前的瀏覽器無法呈現，CSS 就會找清單中下一個可用的字型。如果找不到其他字型，就會使用最後一個範例中的 Times New Roman。

Enter your email address.

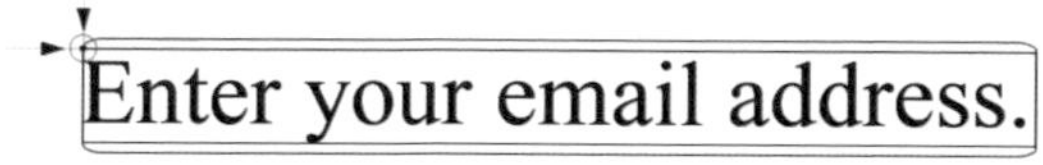

圖 65 ｜ Times New Roman。預設的瀏覽器字型。

Enter your email address.
Arial 12px
Enter your email address
Arial 16px
Enter your email address
Arial 20px

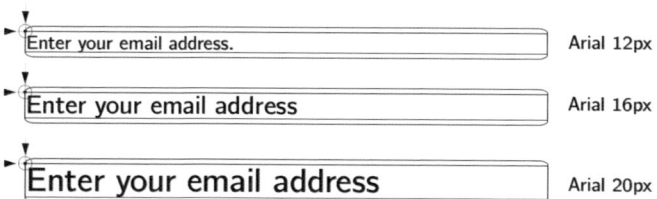

圖 66 ｜ 你可以使用 `font-size` 屬性來改變字體的大小。`16px` 是預設的 meidum 尺寸。

pt	px	em	%	size	default sans-serif
6pt	8px	0.5em	50%		Sample text
7pt	9px	0.55em	55%		Sample text
7.5pt	10px	0.625em	62.5%	x-small	Sample text
8pt	11px	0.7em	70%		Sample text
9pt	12px	0.75em	75%		Sample text
10pt	13px	0.8em	80%	small	Sample text
10.5pt	14px	0.875em	87.5%		Sample text
11pt	15px	0.95em	95%		Sample text
12pt	16px	1em	100%	medium	Sample text
13pt	17px	1.05em	105%		Sample text
13.5pt	18px	1.125em	112.5%	large	Sample text
14pt	19px	1.2em	120%		Sample text
14.5pt	20px	1.25em	125%		Sample text
15pt	21px	1.3em	130%		Sample text
16pt	22px	1.4em	140%		Sample text
17pt	23px	1.45em	145%		Sample text
18pt	24px	1.5em	150%	x-large	Sample text
20pt	26px	1.6em	160%		Sample text
22pt	29px	1.8em	180%		Sample text
24pt	32px	2em	200%	xx-large	Sample text
26pt	35px	2.2em	220%		Sample text
27pt	36px	2.25em	225%		Sample text
28pt	37px	2.3em	230%		Sample text
29pt	38px	2.35em	235%		Sample text
30pt	40px	2.45em	245%		Sample text
32pt	42px	2.55em	255%		Sample text
34pt	45px	2.75em	275%		Sample text
36pt	48px	3em	300%		Sample text

100% = 16px = medium

圖 67｜字體大小可以使用 pt、px、em 或 % 單位來指定。在預設情況下，100% 等同於 12pt、16px 或 1em。在知道這一點後，你就可以推估比預設值更大或更小的字體尺寸。

font-weight	Raleway
100	Thin
200	Extra-Light
300	Light
400	Regular
500	Medium
600	Semi-Bold
700	Bold
800	Extra-Bold
900	Black

圖 68 ｜這是 Google Fonts 提供的 Raleway 字型之 font-weight 示範。

6.1　Text-align 文字對齊

在一個 HTML 元素內進行文字對齊，是 CSS 最基本的功能之一。

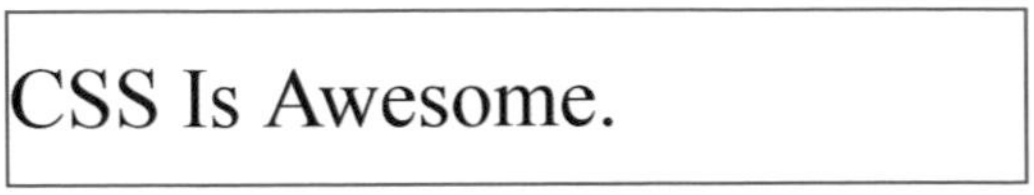

CSS Is Awesome.

左（預設值）

圖 69 ｜ `text-align: left;` 是預設值。

CSS Is Awesome.

置中

圖 70 ｜ `text-align: center;`

CSS Is Awesome.

右

圖 71 ｜ `text-align: right;`

6.2　Text Align Last

`text-align-last` 與 `text-align` 相同，不過它只影響段落中的最後一行文字：

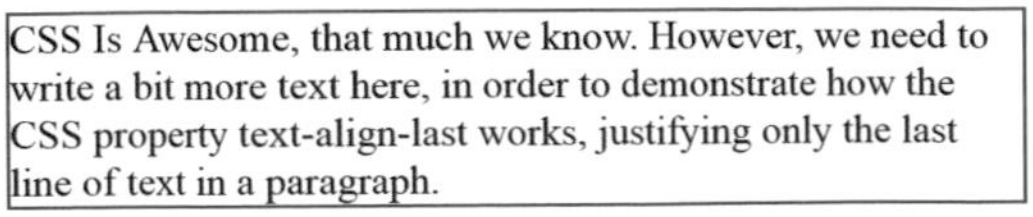

CSS Is Awesome, that much we know. However, we need to write a bit more text here, in order to demonstrate how the CSS property text-align-last works, justifying only the last line of text in a paragraph.

左（預設值）

圖 72 ｜ `text-align-last: left;`

CSS Is Awesome, that much we know. However, we need to
write a bit more text here, in order to demonstrate how the
CSS property text-align-last works, justifying only the last
line of text in a paragraph.

置中

圖 73 | `text-align-last: center;`

CSS Is Awesome, that much we know. However, we need to
write a bit more text here, in order to demonstrate how the
CSS property text-align-last works, justifying only the last
line of text in a paragraph.

右

圖 74 | `text-align-last: right;`

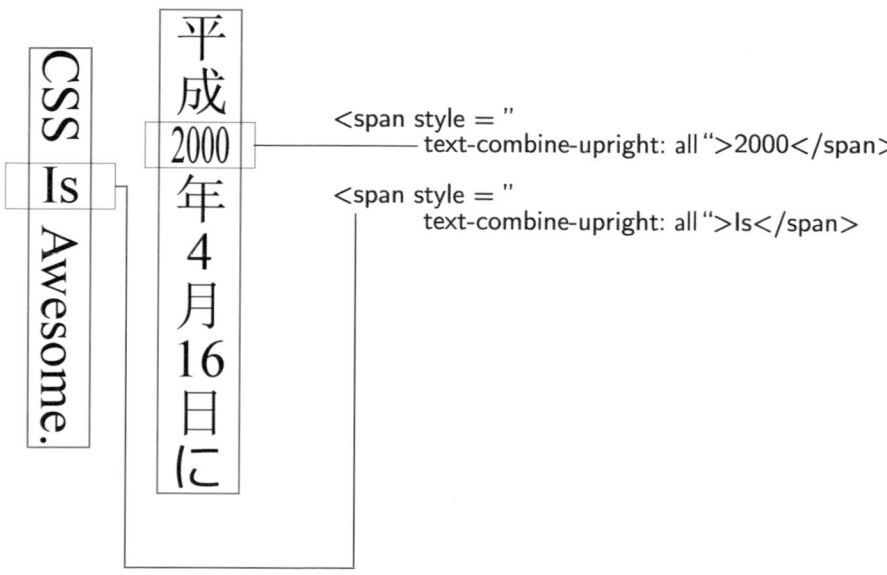

writing-mode: vertical-lr;

圖 75 | 當 `write-mode` 設為 Vertical 時，你也可以使用 `text-combine-upright: all` 來產生此圖所示的效果。

6.3 Overflow

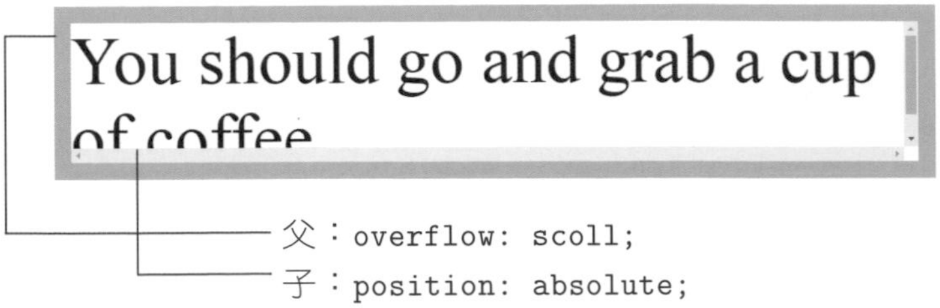

You should go and grab a cup
of coffee

父：overflow: scoll;
子：position: absolute;

圖 76 ｜當文字內嵌在父元素中時，在父元素上套用 overflow:scroll，
就可以使文字捲動。

You should go and grab a cup
of coffee

父：overflow: auto; height: 24px;

圖 77 ｜ overflow auto; height:24px;

You should go and grab a cup
of coffee.

父：overflow: auto; height: 34px;

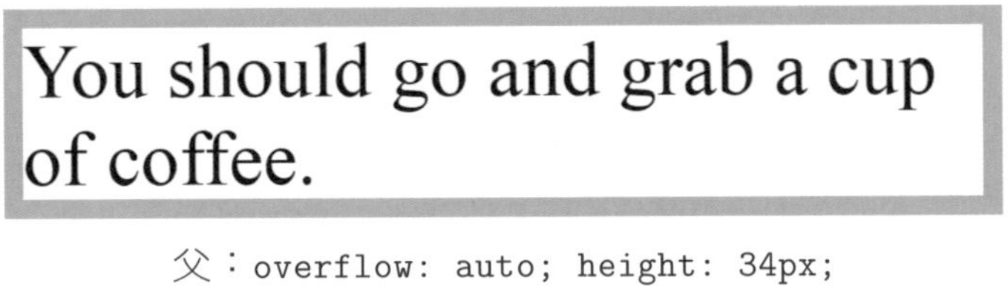

圖 78 ｜ overflow:auto; height:34px;

You should go and grab a cup
of coffee

父：overflow: hidden
子：position: absolute;

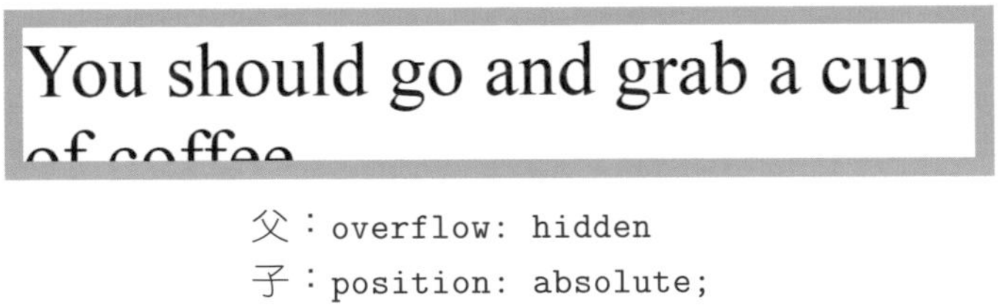

圖 79 ｜ Overflow:hidden; and position:absolute;

overflow: hidden;

overflow: hidden;

圖 80 │ `overflow:hidden;` 的經典案例。該去喝杯咖啡了。

CSS Is Awesome. overline

~~CSS Is Awesome.~~ line-through

<u>CSS Is Awesome.</u> underline

CSS Is Awesome. underline overline

CSS Is Awesome. underline overline dotted red

CSS Is Awesome. underline overline wavy blue

CSS Is Awesome. underline overline double green

圖 81 │ 注意一下，各個值之間是用空格隔開的。你會在 CSS 中看到很多這樣的屬性值組合，這些組合是個別屬性的「速記」。你可以使用 text-decoration 屬性，在文字頂部和底部劃線。雖然這個屬性在版面設計上並不常用，但知道有這個屬性存在而且受到所有瀏覽器支援是件不錯的事。

6.4 Skip Ink（跳過墨水）

`text-decoration-skip-ink` 屬性可以將文字疊在底線上。事實上，對於頁面標題或必須使用大字體的文字來說，這個功能對於改善視覺完整性很有幫助。

You should go and grab a cup of coffee.

text-decoration: underline solid blue
text-decoration-skip-ink: none

You should go and grab a cup of coffee.

text-decoration: underline solid blue
text-decoration-skip-ink: auto

6.5 Text Rendering（文字顯示）

Text-rendering 屬性的四種型態之間（auto [自動]、optimizeSpeed [優化速度]、optimizeLegibility [優化易讀性] 和 geometryPrecision [幾何精確]）並沒有明顯的差異。但是據信在某些瀏覽器中，使用 optimizeSpeed 值可以提高大型文字區塊的顯示速度。在我們使用 Chrome 瀏覽器進行的實驗中，optimizeLegibility 是唯一有實際差異的值，它會在某些字元組合中，將字詞移動得更靠近。

CSS Is Awesome.

text-rendering: auto;

CSS Is Awesome.
text-rendering: optimizeSpeed;
CSS Is Awesome.
text-rendering: optimizeLegibility;
CSS Is Awesome.
text-rendering: geometricPrecision;

這四個值的名稱，解釋了它們各自的功能。

6.6 Text Indent（文字縮排）

text-indent 屬性可以將文字對齊。它的使用率不高，但在某些情況下，例如新聞網站或書籍編輯軟體上，它們可能是實用的。

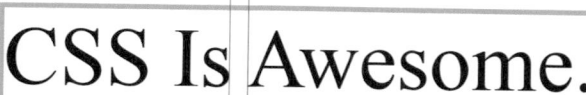

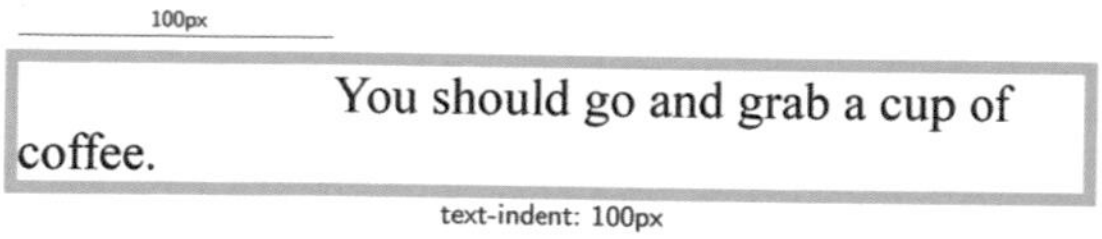
100px
You should go and grab a cup of coffee.
text-indent: 100px

圖 82 ｜ `text-indent:100px;`

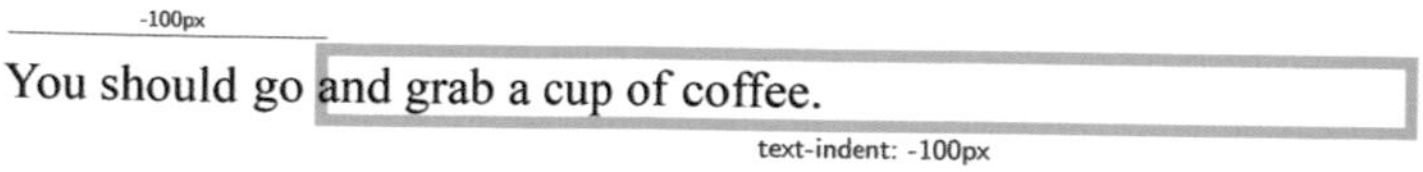
-100px
You should go and grab a cup of coffee.
text-indent: -100px

圖 83 ｜ `text-indent:-100px;`

6.7 Text Orientation（文字方向）

文字方向是由 `text-orientation` 屬性控制的，在呈現不同語言的文字方向時（從右到左或從上到下）可能很實用。它常與 `writing-mode` 屬性一起使用。

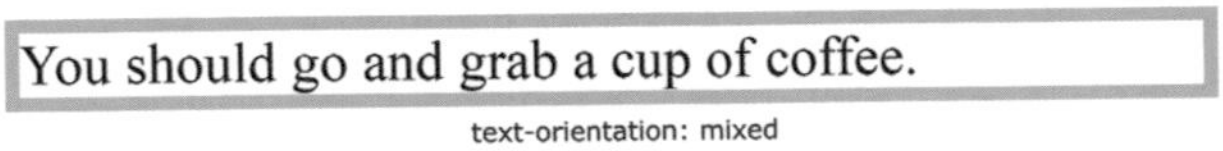
You should go and grab a cup of coffee.
text-orientation: mixed

圖 84 ｜ `text-orientation:mixed;`

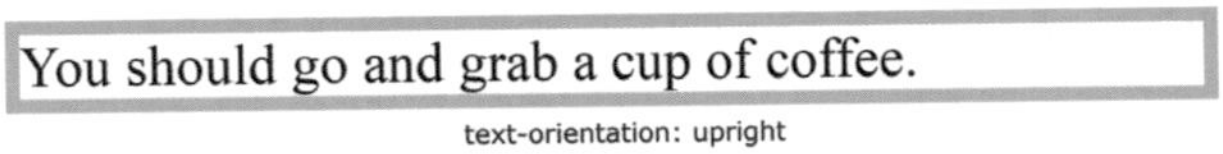
You should go and grab a cup of coffee.
text-orientation: upright

圖 85 ｜ `text-orientation:upright;`

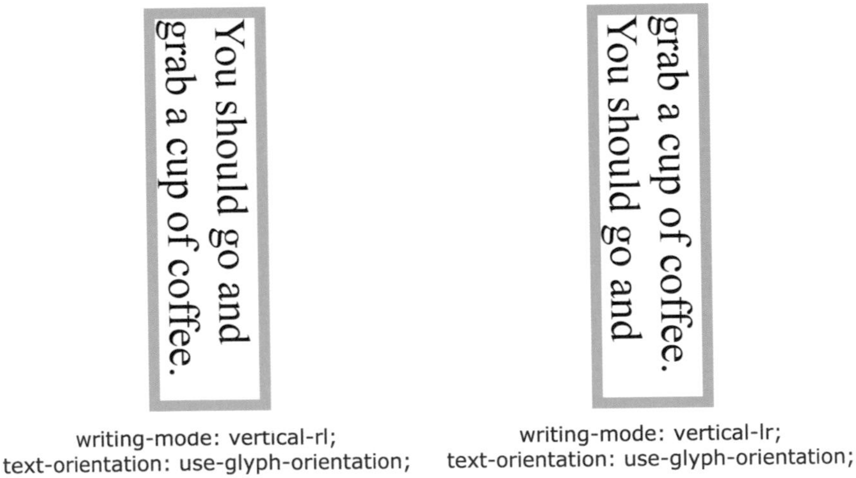
You should go and
grab a cup of coffee.
writing-mode: vertical-rl;
text-orientation: use-glyph-orientation;
You should go and
grab a cup of coffee.
writing-mode: vertical-lr;
text-orientation: use-glyph-orientation;

在 SVG 元素上，`use-glyph-orientation` 代替了已棄用的 SVG 屬性 `glyph-orientation-vertical` 和 `glygh-orientation-horizontal`。

圖 86 ｜ `text-orientation` 屬性搭配 `writing-mode:vertical-rl`（從右到左）或 `writing-mode:vertical-lr`（從左到右），可以產生幾乎任何對齊方向的文字。

和剛剛相同，只是這次的 text-orientation 是 upright:。

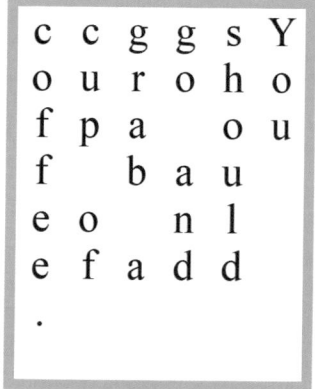

writing-mode: vertical-rl;
text-orientation: upright;

writing-mode: vertical-lr;
text-orientation: upright;

圖 87 ｜ text-orientation:upright; writing-mode:vertical-rl;

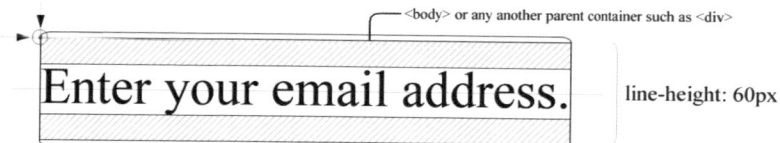

圖 88 ｜ 要讓任何元素中的文字垂直置中的話，請將其行高設定為 line-height:60px; 到元素的高度。文字大小（實際字母的高度）和 line-height 並不一定相同。

圖 89 ｜ `font-feature-settings: "liga" 1` 或換個寫法 `font-feature-settings: "liga" on`

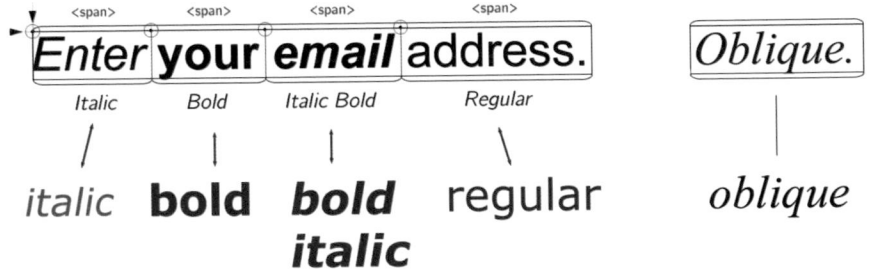

圖 90 ｜ 使用 `font-style` 和 `font-weight` 屬性可以達到常見的文字效果
（斜體、粗體和偽斜體 [oblique]）。

圖 91 ｜ `text-align` 和 `line-height` 屬性通常用來將按鈕內的文字置中。

6.8　Text Shadow（文字陰影）

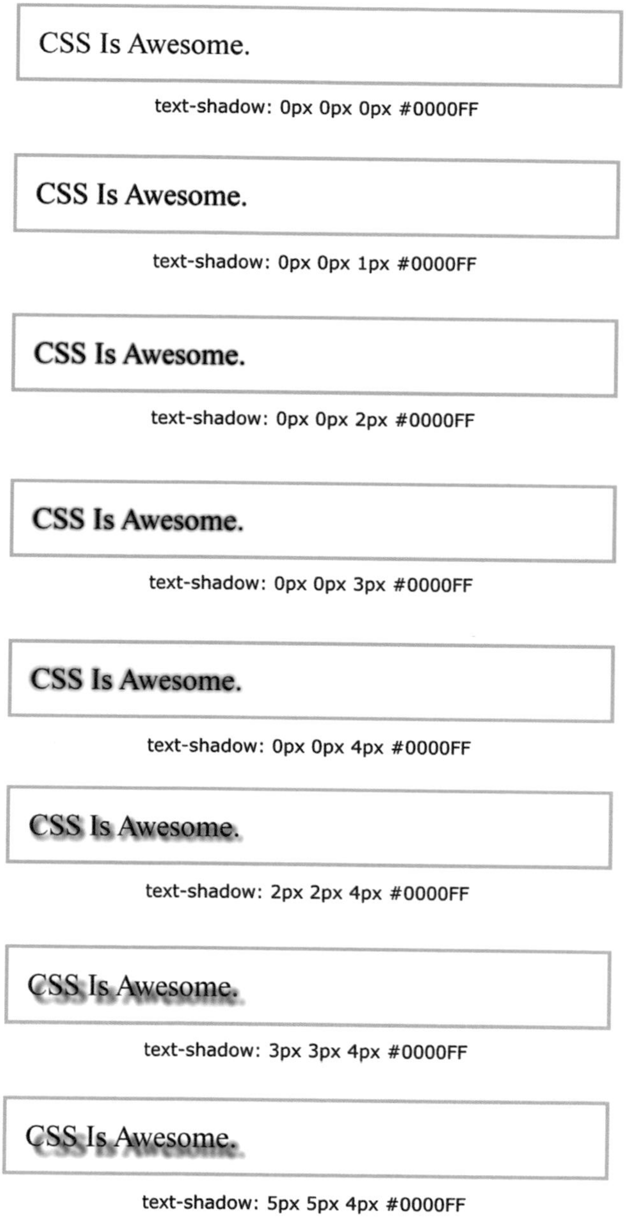

CSS Is Awesome.

text-shadow: 0px 0px 0px #0000FF

CSS Is Awesome.

text-shadow: 0px 0px 1px #0000FF

CSS Is Awesome.

text-shadow: 0px 0px 2px #0000FF

CSS Is Awesome.

text-shadow: 0px 0px 3px #0000FF

CSS Is Awesome.

text-shadow: 0px 0px 4px #0000FF

CSS Is Awesome.

text-shadow: 2px 2px 4px #0000FF

CSS Is Awesome.

text-shadow: 3px 3px 4px #0000FF

CSS Is Awesome.

text-shadow: 5px 5px 4px #0000FF

圖 92 ｜你可以使用 text-shadow 屬性來加陰影到文字上。請參閱下圖以
了解其參數。

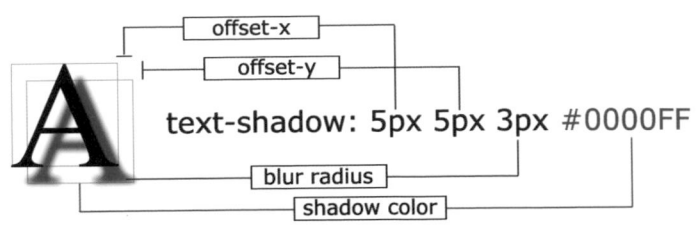

圖 93 ｜ `text-shadow` 屬 性 在 x 和 y 軸 上 都 有 偏 移，blur radius 和 shadow color 也是如此。

SVG 也可以由 CSS 屬性控制，但我們不會在這上面著墨太多，因為光是這個主題就可以寫一整本書。稍做示範如下，你可以製作如下的旋轉 SVG 文字：

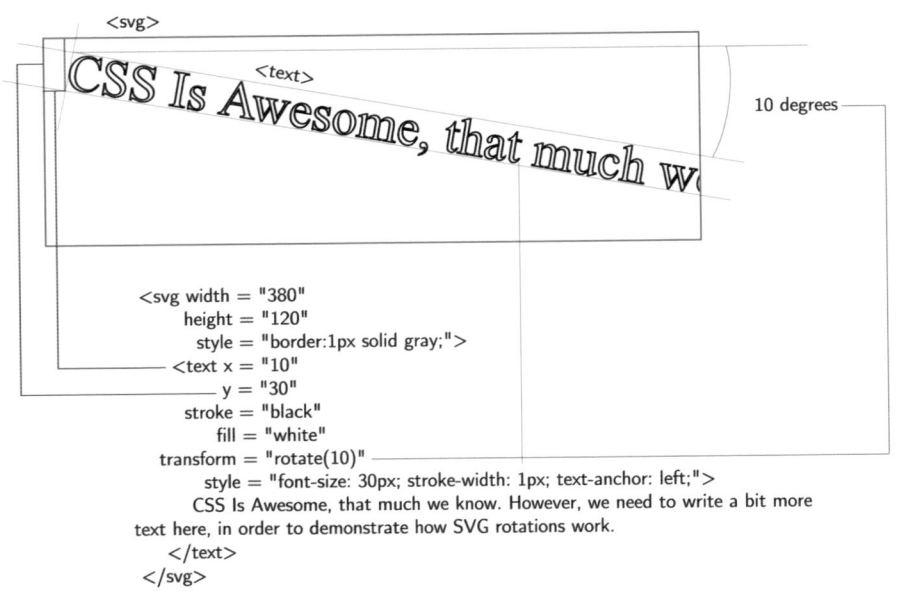

圖 94 ｜使用 CSS 來控制 SVG 文字旋轉。

圖 95 ｜使用 text-anchor 可以設定文字的中心點，就可以繞著此中心點
旋轉文字。

text-anchor: end

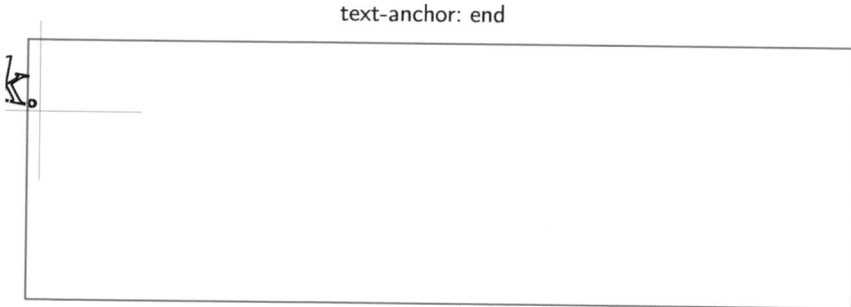

圖 96 ｜將 text-anchor 設為 end，使旋轉中心偏移到文字區塊的最末
端。我們會在 CSS 的 transform 屬性上看到類似的行為，使它可以用來旋
轉整個 HTML 元素和其中的文字。

7 邊距、圓角、陰影和 Z 索引

接下來我選擇了這幾個主題（無特定順序）來簡單示範常用
的 CSS 屬性。

7.1 邊界半徑

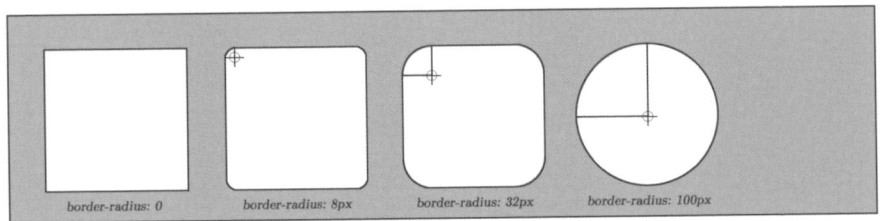

圖 97 ｜ `border-radius` 屬性會在方形或矩形 HTML 元素上加上圓角。

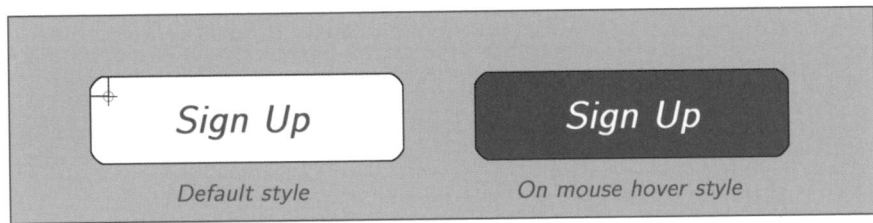

圖 98 ｜ 使用 `:hover` 偽選擇器，你可以決定當滑鼠停在元素上方（進入其
區域）時，應該發生什麼事。

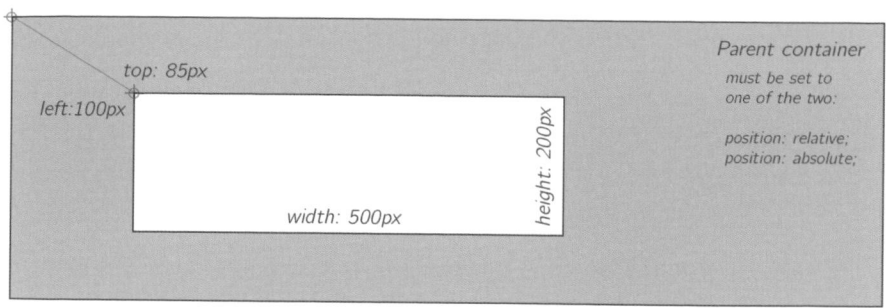

圖 99 ｜ 父容器必須刻意設為 `position:relative` 或 `position:absolute`，以便使用在它其內也使用 `position:absolute` 對齊的子元素。

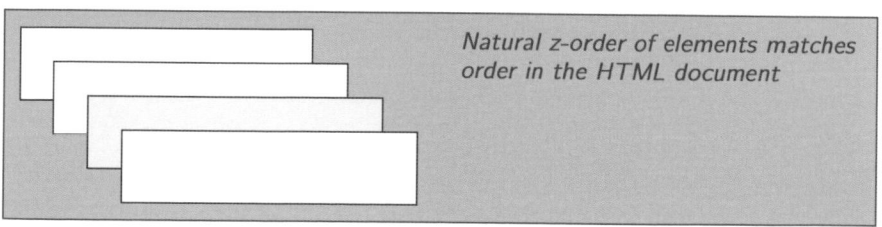

圖 100 ｜ 你可以使用 `margin:auto` 來將元素水平對齊，記得確認將 display 屬性設為 `block;`。`margin-top` 屬性可以用來使元素往上側偏移。此外還有 `margin-left`、`margin-right`、`margin-bottom`。

圖 101 ｜ `z-index` 屬性採用介於 0 到 2147483647 之間的數值，來判斷元素在大多數常見瀏覽器上的繪製順序。在 Safari 3 中，最大 z-index 值為 16777271。

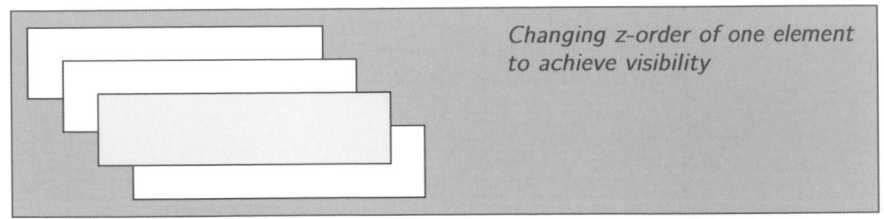

圖 102 │ 改變元素的 z-order 會改變其顯示順序，並使它凸顯出來。

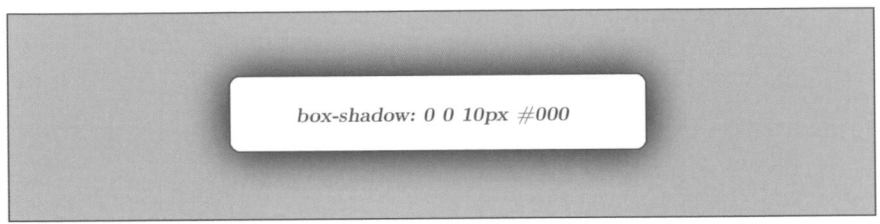

圖 103 │ 此處用了 box-shdow 在一個寬的元素周圍加上陰影。它採用與 text-shadow 相同的參數，例如：box-shadow: 5px 5px 10px #000（x 和 y 偏移、陰影的半徑，以及陰影顏色）。

圖 104 │ box-radius 屬性控制轉角曲線在 X 和 Y 軸上的半徑。

圖 105 ｜若在一個明亮顏色上套用 box-shadow 屬性，可以讓 HTML 元素
周圍產生發光效果。

圖 106 ｜一如預期的簡單區塊元素。

圖 107 ｜當元素的寬度小於其文字內容的寬度時，文字會自動移至下一
行，儘管會跑到元素邊界之外也如此。

讓我們來仔細看看上一個狀況。

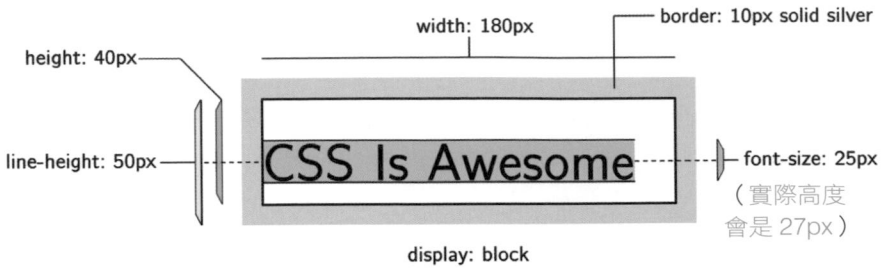

圖 108 │ 文字的實際高度會是 27px，比原本設定的 25px 多 2 個像素。line-height 設定的值可以延伸到內容區域之外。

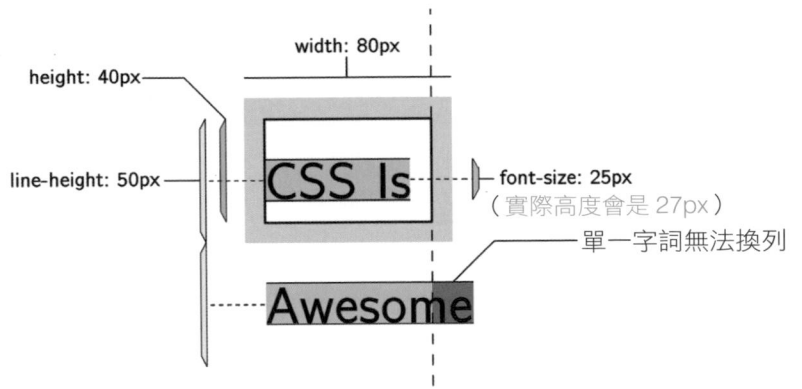

圖 109 │ 在這裡我們可以清楚地看到「 Awesome」一字跳到了下一行。除此之外，注意一下即使單一字詞的寬度小於容器，它也無法斷行。換句話說，在預設情況下，overflow 屬性是 visible。

設定 overflow:hidden，可以有效地切掉容器之外的內容。
即使在圓角的元素上也可以使用：

圖 110 ｜ overflow:hidden 在圓角上也可以使用。

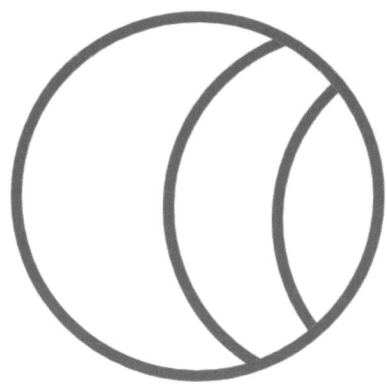

圖 111 ｜ 在圓圈內隱藏其他圓形元素，可以創造出有趣的不規則形狀。

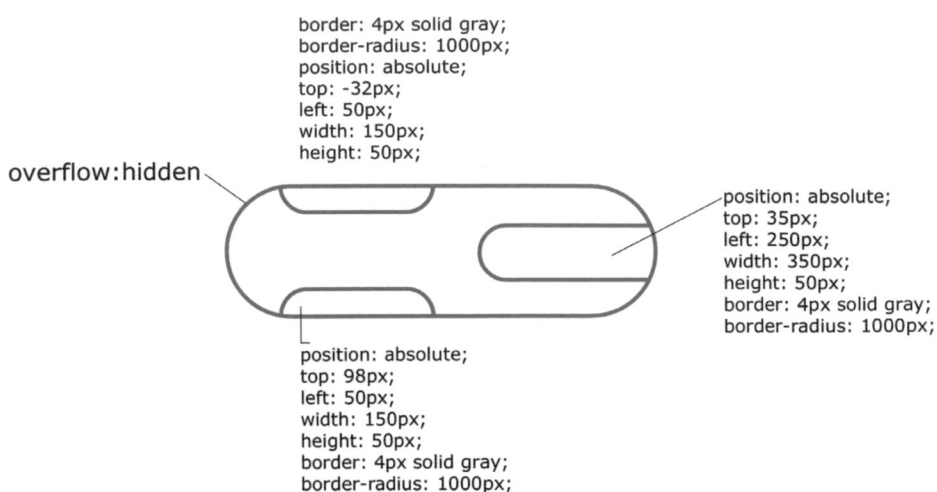

border: 4px solid gray;
border-radius: 1000px;
position: absolute;
top: -32px;
left: 50px;
width: 150px;
height: 50px;

overflow:hidden

position: absolute;
top: 35px;
left: 250px;
width: 350px;
height: 50px;
border: 4px solid gray;
border-radius: 1000px;

position: absolute;
top: 98px;
left: 50px;
width: 150px;
height: 50px;
border: 4px solid gray;
border-radius: 1000px;

圖 112 ｜將多個元素與 overflow:hidden 合併使用，可以做出不規則形
狀。

圖 113 ｜此圖與上面的範例相同，不同的是將父容器的 background 設為
gray，並將其內部元素的 background 設定為 white。你可以發揮創意，
製作出一些有趣的物件。在本書的最後，會有整輛汽車的範例。

8 Nike logo

結合上一單元中的技巧與 `transform:rotate`（在本書稍後
會有詳細討論），再加上我們對 `:before` 和 `:after` 偽選擇
器的了解，我們可以用單個 HTML 元素做出 NIKE logo：

圖 114 ｜用 1 個 HTML 元素和 3 個 CSS 指令做出的 NIKE logo。

讓我們來定義主要容器：

```
1   #nike {
2         position: absolute;
3         top: 300px; left: 300px;
4         width: 470px; height: 200px;
5         borde : 1px solid gray;
6         overflow: hidden;
7         font family: Arial , sans-serif;
8         font size: 40px;
9         line-height: 300px;
10        text-indent: 350px;
11        z-index: 3;
12  }
```

留意一下，在這裡我們用了 `overflow:hidden` 來確保容器外
的所有東西都會被裁掉。

用 #nike:before 和 #nike:after 偽元素，我們可以做出 logo 的底部，也就是黑色長條。我們用圓角來製作出那道有名的 Nike 曲線：

```
1   #nike: beforef {
2       content: "";
3       position: absolute;
4       top: -250px;
5       left: 190px;
6       width: 150px;
7       height: 550px;
8       background: black;
9       border-top-left-radius: 60px 110px;
10      border-top-right-radius: 130px 220px;
11      transform: r otate(-113deg);
12      z-index: 1;
13  }
```

同樣的，我們要來製作另一個曲線框，用它的白色背景來遮掉 logo 的其餘部分。在這裡，旋轉角度是關鍵。正是它造就了辨識度很高的 logo 曲線。我們還分別使用了 1、2 和 3 的 z-index 來確保元素的正確分層。

```
1   #nike : afterf {
2       content: "";
3       position: absolute;
4       top: -235px;
5       left: 220px;
6       width: 120px;
7       height: 500px;
8       background: black;
9       borde-top-left-radiu : 60px 110px;
10      border-top-rightr-adius: 130px 220px;
11      background: white;
12      t rans form: rotate(-104deg);
13      z-index: 2;
14  }
```

這是 logo 的另一個檢視圖。這次使用的是透明背景，這樣就能實際看到它的幾何組成方式：

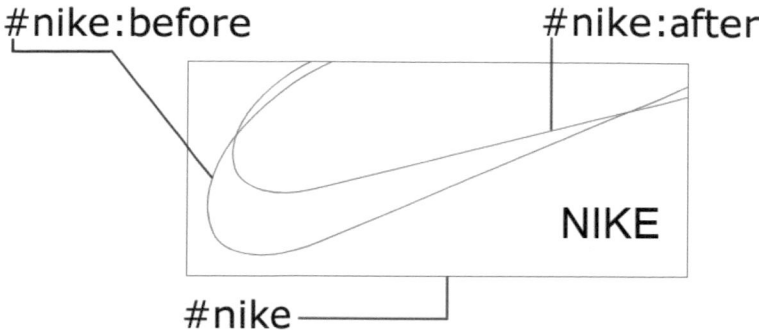

圖 115 | Nike logo 的組成方式，包括 3 個元素（1 個 HTML 元素以及 2 個相應的偽元素）。

實際的 HTML 只是一個 *id* 為 nike 的 div 元素。

```
1  <div id="nike">NIKE/div>
```

9 Display

CSS 屬性可以用來指派 HTML 元素的行為，以確定它們在螢幕上的位置。本單元中的圖表示範了它們在一些常見情況下對每個元素的影響。

CSS 的 `display` 屬性值有下列幾種：`inline`、`block`、`inline-block` 或 `float`，用以定義單一元素的位置。

inline

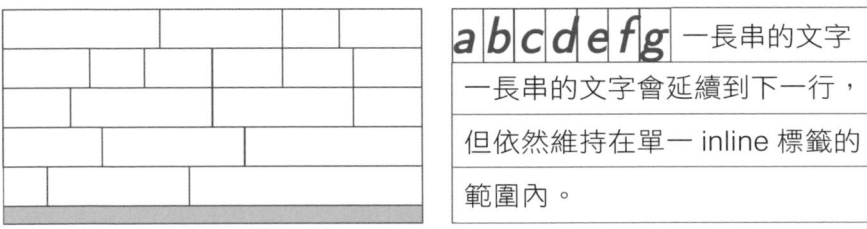

圖 116 │ `display:inline`。這是用在 `<span>`、`<b>`、`<i>` 和一些其他 HTML 標籤上的預設值，這些標籤是用來處理未知寬度的父容器中的文字顯示。

在此，每個元素在其上一個元素中的內容長度（或寬度）超過長度後，都會直接放置在右側，這使它成為顯示文字的自然選擇。

 長的 inline 元素會自動轉到下一行。

在稍後的 Flex 和 CSS 網格章節中你會看到，將值 `flex` 或 `grid` 套用到 `display` 屬性上可以改變其項目的行為——這些項目位在一個通常稱為父元素中的容器元素內。

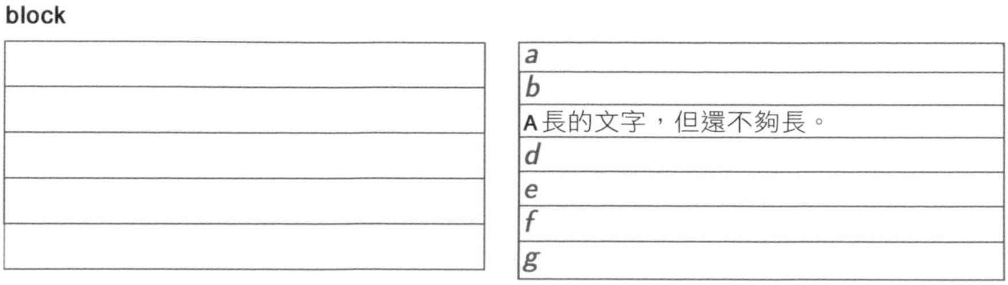

block

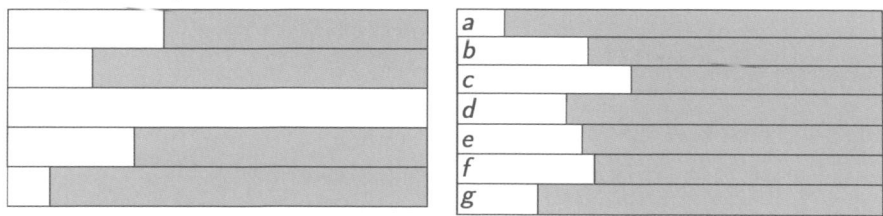

圖 117 ｜ `display:block` 與行內元素相反，它會自動以區塊方式佔據整行，而不管其內容的寬度如何。HTML 標籤 `<div>` 在預設情況下是區塊元素。

div {width: *n*}，*n* 是容器寬度的像素或百分比數值

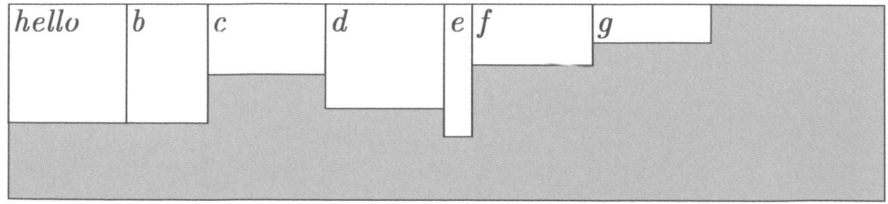

圖 118 ｜ 帶有明確定義之元素寬度的 `display:block`，區分了元素的容器寬度和內容寬度。

圖 119 ｜ `display:inline-block` 結合了行內和區塊行為，使行內元素可以客製尺寸。

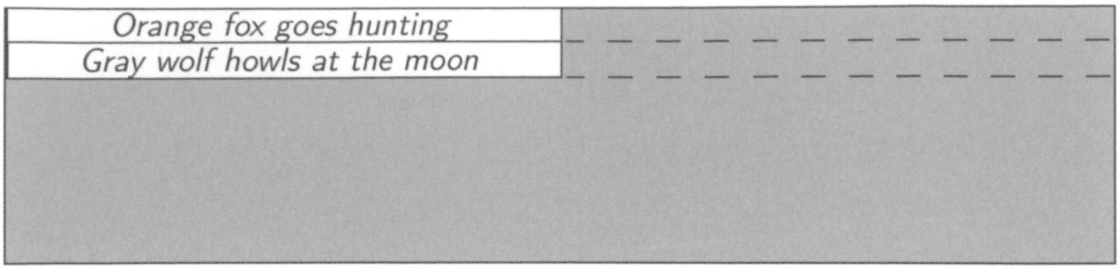

圖 120 ｜ 在兩個寬度設定為容器之 50% 的區塊元素內將文字置中（`text-align:center`）。留意一下，雖然它們佔據了父元素的整行，但內容區域最多只延伸至寬度的 50%。區塊元素不由其內容的寬度定義。

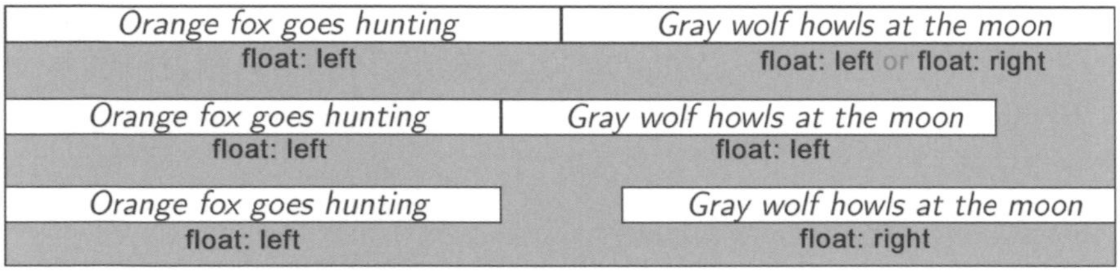

圖 121 ｜ 兩個寬度明確設為 50% 和 `text-align:center` 的區塊元素，也可以透過套用 `float:left` 或 `float:right` 來模仿行內元素。但是，與行內元素不同的是，單一區塊元素永遠不會越至下一行。

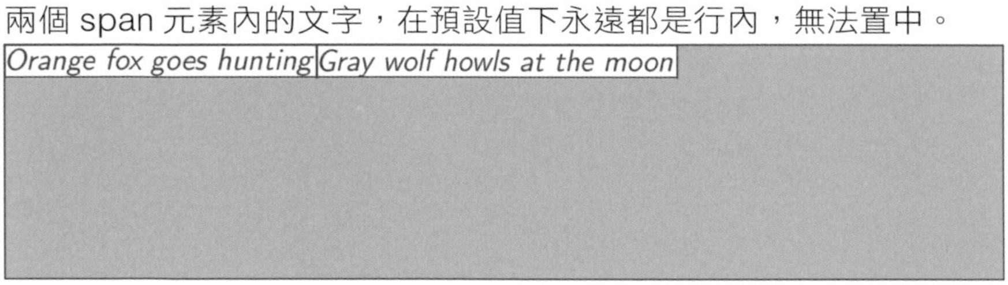

兩個 span 元素內的文字，在預設值下永遠都是行內，無法置中。

圖 122 ｜ 行內元素永遠受限於其內容的寬度，因此元素中的文字不能置中。

10 元素可見性（visibility）

元素的 visibility 可以隱藏元素的方塊，而不需將它從繪製層級中刪除。

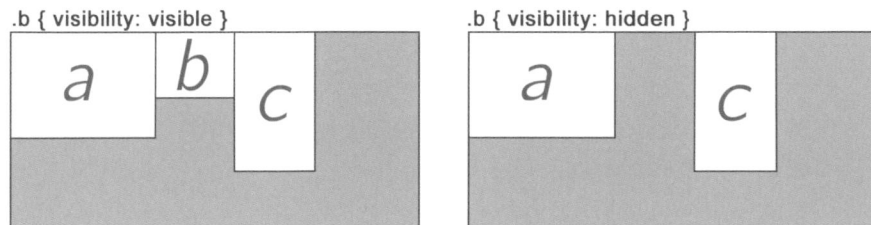

圖 123 ｜ 將 b 元素的 visibility 屬性設定為 hidden。其預設值是 visible（與 unset、auto 或 none 相同）。

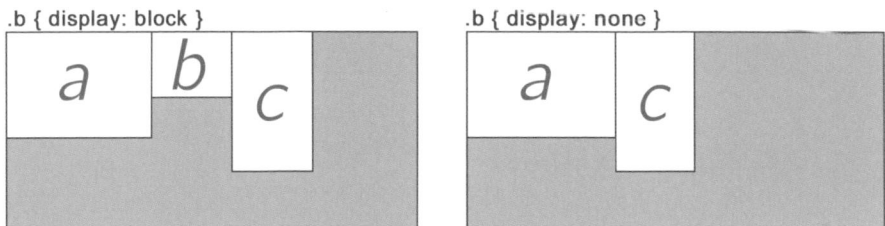

圖 124 ｜ display:none 會將元素完全刪除。

11 浮動元素

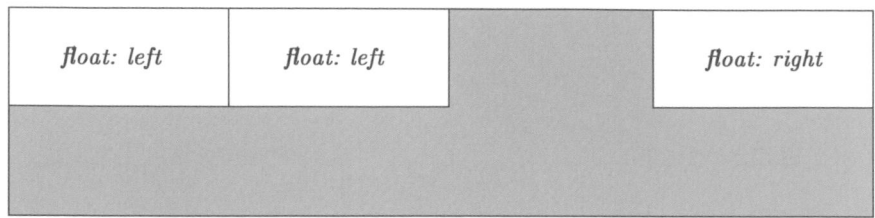

圖 125 │ `float:left` 和 `float:right` 的區塊元素會出現在同一行中,只要它們的寬度總和小於父元素的寬度。

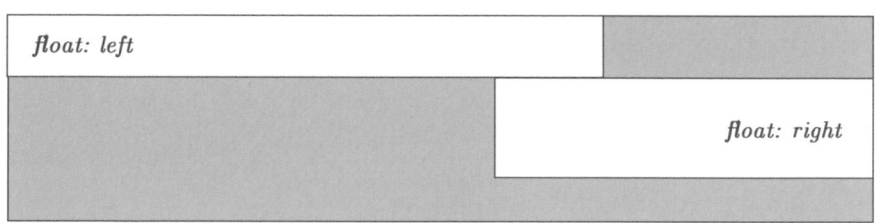

圖 126 │ 如果兩個浮動元素的總和大於父元素的寬度,則其中一個的空間將被另一個佔據,並跳到下一行。

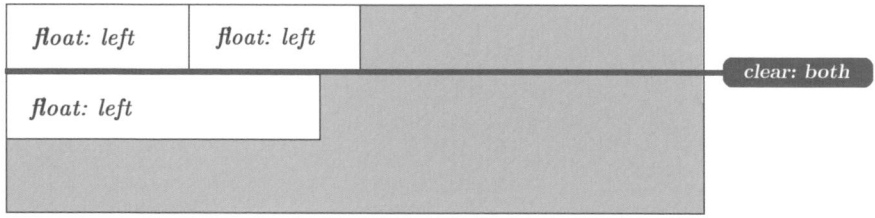

圖 127 │ 可以使用 `clear:both` 來清除浮動元素並開始新的浮動行。

12 顏色漸層

有很多情況下都會使用到漸層。但最常見的功能是在一些 UI 元素的整個區域內創造平滑的填色效果。

還有一些其他狀況也會用到它：

平滑的背景色 —— 它們提供了一種優雅的解決方案，讓 HTML 元素更美觀。

節省頻寬 —— 是使用漸層的另一個好處，因為漸層是由瀏覽器透過高效的上色演算法自動生成的。這代表它們可以代替從網路伺服器要花更久時間來下載的圖片。

簡單的定義 —— 可以在 background 屬性中製造一些有趣、有時甚至驚艷的效果。為了製造出下一個單元中的效果，我們要為 linear-graident 或 radical-gradient 屬性提供最低要求的參數。

12.1 概述

本章中，我們要來學習如何在 HTML 中製作這些漸層：

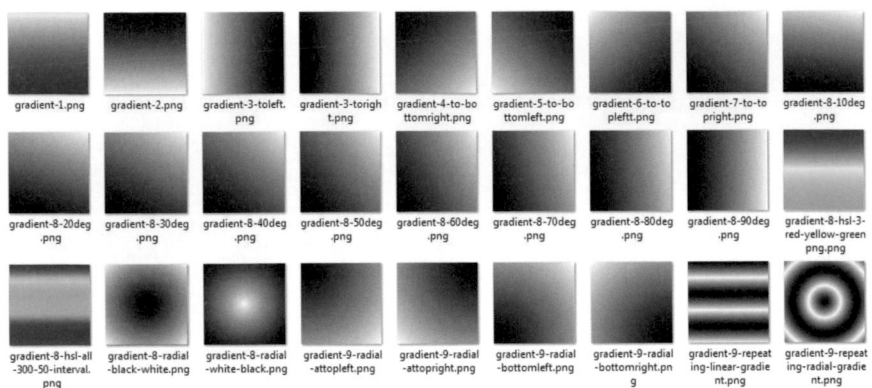

圖 128 ｜ 如果此書頁是黑白印刷，你就會看不出使用色彩的漸層之間的差異。不過，要真正掌握漸層，事實上你只需要掌握它們的方向和類型即可，其中有四種：`linear-gradient`、`radial-gradient`、`repeating-linear-gradient` 和 `repeating-radial-gradient`。這張圖表示範了你可以使用 CSS 來為 HTML 元素製作的各種漸層。

在這裡我作了點弊 ... 上面的影像是我在編寫本書時，我的「漸層」文件夾中的圖檔。不過，我們要如何實際使用 CSS 指令來建立它們呢？本章接下來將提供解決方案！

呈現漸層的的標本元素

我們要用這個簡單的 DIV 元素，對背景漸層進行實驗。首先讓我們為它設定一些基本屬性，包括 width＝500px 和 height＝500px。

現在，我們只需要一個簡單的正方形元素。將此程式碼貼到 HTML 文件中的 <head> 標籤之間的任何位置。

```
1  <style type = "text/css">
2  div {
3  position: relative;
4  display: block;
5  width: 500px;
6  height: 500px;
7  {
8  <style>
```

此 CSS 程式碼會將螢幕上的每個 <div> 元素轉變成 500 x 500 像素的正方形。position 和 display 屬性稍後在本書中會有進一步說明。

或者，我們也許只想將漸層指派到一個 HTML 元素上。在這種情況下，可以使用唯一 ID（例如 #my-gradient-box 或任何對你來說有意義的 *ID*）將 CSS 指定給單個 div 元素。

```
1  <style type = "text/css">
2  div#my-gradient-box { position: relative; display: block ;
   width: 500px; height: 500px; }
3   <style>
```

然後將它加到你的 <body> 標籤內的某個位置：

```
1  <!- Experimenting with Color Gradient Backgrounds in HTML
     //  >
2  <div id = "my-gradi-ent-box"></div>
```

或者直接將相同的 CSS 指令加到到你想套用顏色漸層的 HTML 元素的 style 屬性中：

```
1  <div style = "position: relative; display: block; width: 500
     px; height: 500px;"></div>
```

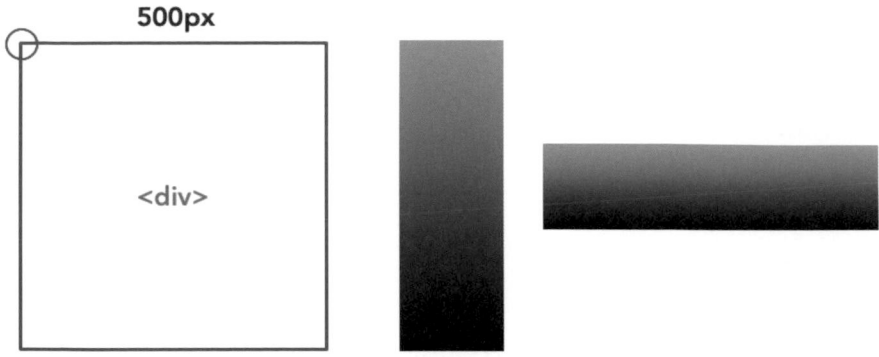

圖 129 ｜尺寸為 500 x 500 像素的 div 元素。右側的列和欄示範了漸層如何自動因應元素的尺寸做調整。在這裡，漸層屬性並未改變，只有元素的尺寸不同，但漸層看起來卻大不相同。在製作你自己的漸層色時，請記住這一點！

CSS 漸層會自動因應元素的寬度和高度而變化。這可能會產生稍微不同的效果。

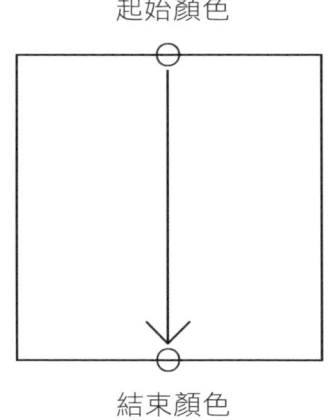

圖 130 ｜漸層的基本概念是在最少兩種顏色之間交替。若不提供任何屬性值的話，預設的方向是垂直的。起始顏色將從元素的頂部開始，逐漸與底部的第二種顏色的 100% 混合。你也可以組合兩種以上的顏色來建立漸層。我們稍候來看看！

CSS 的 background 屬性可以使用所有的 CSS 漸層值！

話雖如此，下面是製作簡單線性漸層的範例：

```
1   background: linear-gradient(black, white);
```

下面是一些實際示範，屬性值列在它們產生的漸層效果下方。

12.2　漸層類型

讓我們一個一個來看不同的漸層樣式，並直覺地展示出這些樣式套用在 HTML 元素上的漸層效果。

linear-gradient(black, white)　　*linear-gradient(yellow, red)*

圖 131 ｜ 一個簡單的線性漸層。左：黑到白。右：黃到紅。

linear-gradient(to left, black, white)　　*linear-gradient(to right, black, white)*

圖 132 ｜ 取決於你希望漸層跨越元素的方向，你可以指定一個先行的 to left 或 to right 值來製作水平漸層。

linear-gradient
(to top left, black, white)

linear-gradient
(to top right, black, white)

linear-gradient
(to bottom left, black, white)

linear-gradient
(to bottom right, black, white)

圖 133 ｜ 你也可以從角落開始製作漸層，形成對角線的顏色漸層。用 to top left、to top right、to bottom left 和 to bottom right 等屬性值來達到此效果。

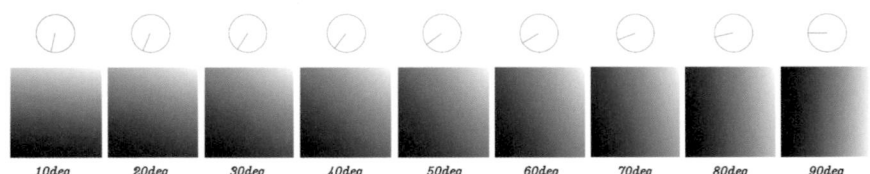

圖 134 ｜ 如果 45 度角不夠用，你也可以提供一個介於 0-360 度之間的自訂角度，例如 linear-gradient(30deg, black, white);。留意一下，在上面範例中，當角度從 10 度逐漸改變為 90 度時，漸層如何從流向底部逐漸成流向左方。

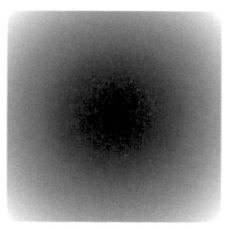

radial-gradient
(black, white)

radial-gradient
(white, black)

圖 135 ｜ radial-gradient 屬性可以用來產生放射狀漸層。交換兩者的顏色會產生反轉的效果。

radial-gradient
(at top left, black, white)

radial-gradient
(at top left, black, white)

radial-gradient
(at bottom left, black, white)

radial-gradient
(at bottom right, black, white)

圖 136 ｜ 和線性漸層相同，放射狀漸層也可以從 HTML 元素的四個角中的任意一角做為起點。

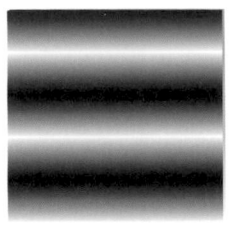
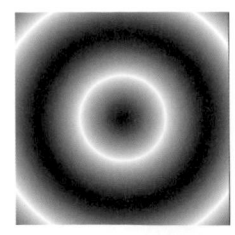

repeating-linear-gradient
(white 100px,
black 200px,
white 300px);

repeating-radial-gradient
(white 100px,
black 200px,
white 300px);

圖 137 ｜使用 repeating-linear-gradient 和 repeating-radial-gradient
可以產生重複的線性和放射狀圖案。你可以依據需要，一次設定數個重複
的顏色值。別忘了用逗號隔開！

linear-gradient
   hsl(0,100%,50%),
   hsl(50,100%,50%),
   hsl(100,100%,50%),
   hsl(150,100%,50%),
   hsl(200,100%,50%),
   hsl(250,100%,50%),
   hsl(300,100%,50%)

linear-gradient
   hsl(0,100%,50%),
   hsl(50,100%,50%),
   hsl(300,100%,50%)

圖 138 ｜最後是可以使用一系列 HSL 值建立的最進階漸層類型。 HSL 值沒
有名稱或 RGB 同等值，它們是從 0 到 300 的數字。請參見下面的說明。

圖 139 ｜你可以使用 0-300 之間的值來選擇任何一種顏色。

剛剛我們看到了每個漸層之相關屬性值的範例。以下是全部的列表。試試這些屬性值，看看它們在你的自訂 UI 元素上會產生什麼樣的效果：

```
1   background: linear-gradient(yellow, red);
2   background: linear-gradient(black, white);
3   background: linear-gradient(to right, black, white);
4   background: linear-gradient(to left, black, white);
5   background: linear-gradient(to bottom right, black, white);
6   background: linear-gradient(90 deg, black , white );
7   background: linear-gradient(
8   hsl(0,100%,50%),
9   hsl(50,100%,50%),
10  hsl(100,100%,50%),
11  hsl(150,100%,50%),
12  hsl(200,100%,50%),
13  hsl(250,100%,50%),
14  hsl(300,100%,50%));
15  background: radial-gradient(black, white);
16  background: radial-gradient(at bottom right, black, white);
17  background:
18  repeating-linear-gradient
19  (white 100px, black 200px, white 300px);
20  background:
21  repeating-radial-gradient
22  (white 100px, black 200px, white 300px);
```

13 濾鏡

CSS 濾鏡透過調整顏色值來改變影像（或任何會輸出某種圖形之 HTML 元素）的外觀。它使用帶有一個函數的 `filter` 屬性來套用。

濾鏡功能的值，諸如 blur、contrast、brightness 等，可以用百分比、數值或像素值（px）來指定。

13.1 blur()

所有 CSS 濾鏡中，最實用的可能就是模糊效果了。

```
001 .blur { filter: blur(100px); }
```

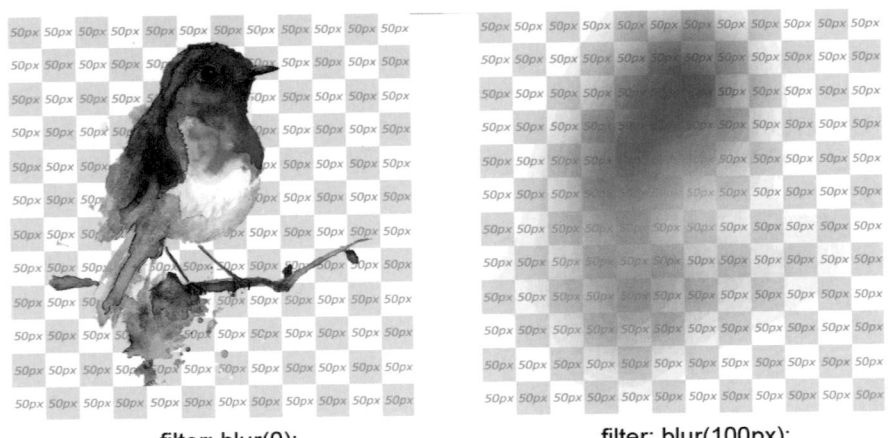

filter: blur(0);   filter: blur(100px);

圖 140 ｜ 將 100px 強度的模糊濾鏡套用在一張小鳥的圖片上。

模糊濾鏡的用途非常廣泛，可以與含有透明區域的影像一起使用，做出有趣的視覺效果和 UI 變化。

可惜的是，大多數其他 CSS 濾鏡都沒有太多實用性（舉例來說，你在任何網站上看過棕褐色照片濾鏡嗎？），不過為了完整起見，在這裡我還是將它們列出來。

13.2　brightness()

```
001 .blur { filter: blur(100px); }
```

它會調整 HTML 元素（或影像）的亮度。屬性值為 0.0-1.0 的浮點數格式，1.0 等於原始影像內容。你可以使用大於 1.0 的值，它們會使影像比原始像素值更亮。

13.3　contrast()

它會改變影像 / HTML 元素的對比。對比的程度是以百分比指定。

```
001 .contrast { filter: contrast(120%); }
```

13.4　grayscale()

它會以百分比的方式降低顏色飽和度。

```
001 .grayscale { filter: grayscale(100%); }
```

13.5　hue-rotate()

它會改變顏色。屬性值為度數（0deg 到 360deg）。

```
001 .hue-rotate { filter: hue-rotate(180deg); }
```

13.6　invert()

反轉顏色。屬性值為百分比。50% 的值產生灰色影像。

```
001 .invert { filter: invert(100%); }
```

13.7　opacity()

它會改變元素的不透明度（類似於 opacity 屬性。）

```
001 .opacity { filter: opacity(50%); }
```

13.8　saturate()

使顏色變飽和。屬性值為 0 到 100 之間的數字。使用大於 100 的值也是可能的，通常會使影像過度飽和。

```
001 .saturate { filter: saturate(7); }
```

13.9　sepia()

用棕褐色調效果（看起來會像老照片。）

```
001 .sepia { filter: sepia(100%); }
```

13.10　drop-shadow()

```
001 .shadow { filter: drop-shadow(8px 8px 10px green); }
```

類似 box-shadow 屬性。

14 背景圖片

你覺得你對 HTML 背景已經很了解了嗎？這可不一定。以下是一個簡單的背景教學單元，希望可以讓讀者了解全局。我們將探索幾個 CSS 屬性，可幫助我們改變任何 HTML 元素上的背景圖片設定。

圖 141 │ `background: url("image.jpg")` 或者 `background-image:` `url("image.jpg")`

此單元使用的範例影像，是條紋背景上的這隻可愛小貓。

如果元素的尺寸大於來源影像的尺寸，則影像會在此元素內重複 —— 重複用影像的內容填滿元素的剩餘部分。就像是在元素的整個區域內延伸無限大的壁紙一樣。

圖 142 | 如果影像小於元素的尺寸，它會不斷重複以填滿剩餘的空間。

要為任何元素設定背景影像的話，可以使用以下 CSS 指令。

```
1   background: url( "kitten.jpg" );
```

或者 ...

```
1   background  image: url( "kitten.jpg" );
```

你也可以使用內部 CSS，將 CSS 程式碼放在 <style>
</style> 標籤之間。

接下來讓我們看一下相同的小貓背景 ...，但這次加上
background-repeat 屬性的 no-repeat 值：

圖 143 │ background-repeat: no-repeat;

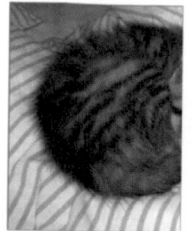

background-size: unset;
background-size: none;
background-size: initial;
background-size: auto;

background-size: 100%;

background-size: 100% 100%;

background-size: cover;

background-size: contain;

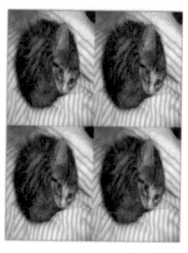

background-size: 50%;

(X-axis)

background-size: 50% 50%;

(X-axis) (Y-axis)

圖 144 ｜仔細看看使用 `background-size` 製造出的結果。從左到右的範例為（unset 、none、 initial、auto），而它們都產生了預設行為。100%的值會沿水平方向延伸影像，但不沿垂直方向延伸影像。100% 100% 的值將會朝所有方向延伸影像。cover 值會在元素的整個垂直空間上延伸影像，並在水平方向上裁切掉所有內容，類似於 overflow。contain 值會確保影像在元素的整個寬度上水平延伸，並在保持原始比例的同時，不斷在垂直方向上重複此影像，直到它在元素底部溢出為止。

圖 145 ｜ 將 background-repeat: no-repeat; 和 background-size: 100% 組合起來，可以僅在元素的整個寬度上水平延伸影像。

萬一你想要垂直重複背景，並且延伸背景至整個寬度怎麼辦？沒問題，只需在上面的範例中刪掉 no-repeat。

你會得到這樣的結果：

圖 146 ｜ 垂直重複。

上圖：這個 HTML ／ CSS 背景技巧，適合用在內容在較長空間上垂直延伸的網站。Blizzard 網站的其中一個版本曾經使用過它。有時你想切掉圖片，讓它停止。有些時候，你希望圖片不斷垂直重複。這將取決於你對版面配置的想法。

有時你需要延伸影像，讓它符合元素的邊界框。不過這樣做通常會造成部分的扭曲。CSS 將依據一些自動計算的百分比值自動延伸影像：

圖 147 ｜ 不用說，只有在 HTML 元素和影像大小不相符時，才會出現這種效果。

上圖：設定 `background-size:100% 100%` 以延伸影像。

注意到這裡的 100% 100% 重複了兩次。第一個值是告訴 CSS 要垂直延伸影像，第二個 100% 是沿水平延伸影像。你可以使用 0-100% 之間的值，儘管我看不出有太多狀況需要這樣做。

14.1　指定多個值

在 HTML 中，每當需要指定多個值時，通常是用空格隔開。垂直坐標（*Y* 軸或高度）永遠優先。有時候，多個值之間是用逗號分隔。比方説？當我們需要指定多個背景時，它們通常是用逗號分開，而非空格字元。（正如本章的最後一個單元所示。）

14.2　background-position

上圖是 `background-position: center` 的效果。

你可以將 `background-repeat` 屬性指定 `no-repeat` 值，來強制保持影像置中，但去掉圖案的重複性：

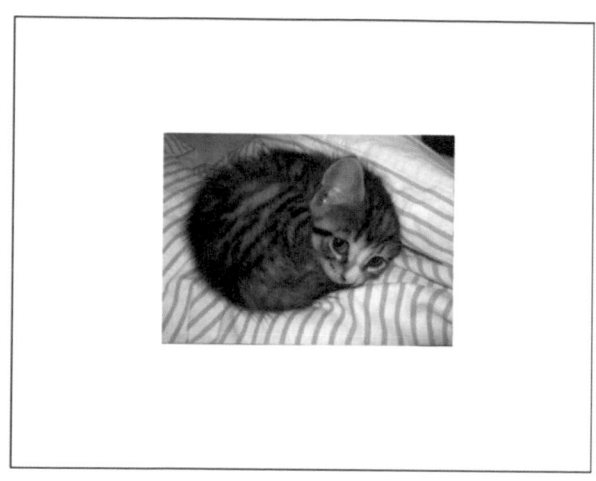

將影像置中：

1   background-position: center center;

關閉重複：

1   background-repeat: no-repeat;

可以使用 repeat-x 僅（水平）在 x 軸上重複影像：

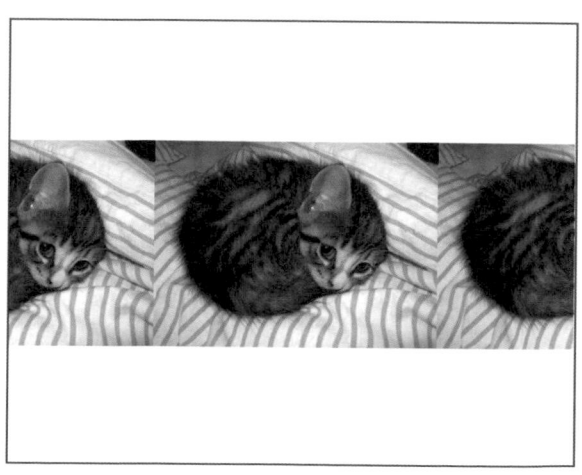

圖 148 ｜ 這是 repeat-x 的效果。

將 background-repeat 屬性設成 repeat-x 值，你可以輕鬆地使影像僅在水平方向重複和置中。

在 y 軸上使用 repeat-y 屬性也會達成相同效果：

圖 149 ｜ repeat-y 的垂直背景。

就像其他任何 CSS 屬性一樣，你得在這些值之間進行調整以達到所需的結果。我想我們差不多涵蓋了所有背景相關的內容了，除了最後一件事 ...

14.3　多重背景

你可以將多個背景加到同一 HTML 元素上。這個過程很簡單。

以下影像是兩個圖檔。

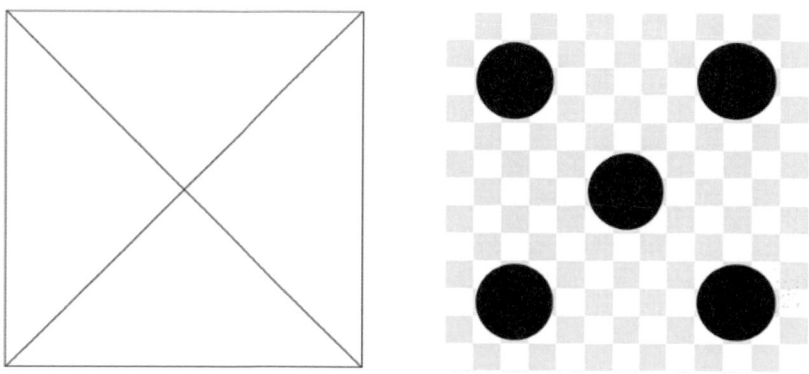

image1.png　　　　　　　*image2.png*

圖 150 ｜ Photoshop 中的魔術橡皮擦工具。

右側影像中的棋盤圖案只是用來標示透明度。白色和灰色棋盤格並非影像的實際部分。這是你在數位影像處理軟體中經常會看到的「透明」區域。

當你將右側的影像放在其他 HTML 元素或影像上，方格區域不會遮住下方的內容。這就是 HTML 中的多重背景的概念。

14.4　影像透明度

為了充分利用多重背景，背景影像之一應該要有透明區域。但是要如何做呢？

在此範例中，第二張影像 image2.png 在以棋盤格圖案表示的透明背景上有 5 個黑點。

就像其他許多接受多個值的 CSS 屬性一樣，要設定多重背景，你要做的就是設定一組由逗號分開的 background 屬性值。

14.5　多重背景

若要將多個（分層的）背景影像指派到同一 HTML 元素上，可以使用以下 CSS：

```
1    body { background: url("image2.png"), url("image1.png"); }
```

背景 url 屬性的影像順序很重要。注意一下，最頂層的影像要列在最前面。這就是為什麼我們要先寫 image2.png。

這個程式碼產生的結果如下：

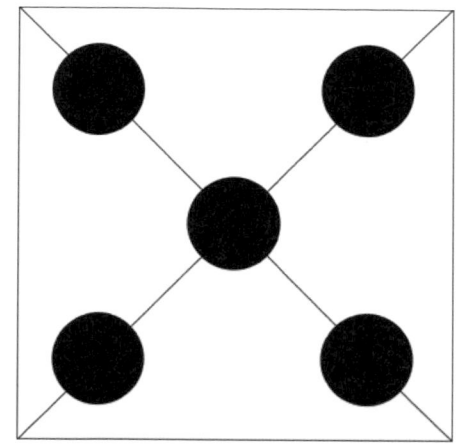

圖 151 ｜ 在 CSS 中使用多個背景，將透明影像疊在另一個影像上。

在此範例中，我們在一個正方形尺寸的 `<div>`（或類似）元素上，展示了理論上的多重背景。

讓我們來看看另一個例子。

puppy.png

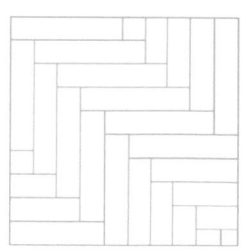

pattern.png

注意一下 puppy.png 影像會是以逗號分隔的列表中的第一項。這是我們要疊加在所有其他影像之上的影像。

將兩者結合起來：

```
1    body { background: url('puppy.png' ) , url( 'pattern.png' )
```

我們會得到以下結果：

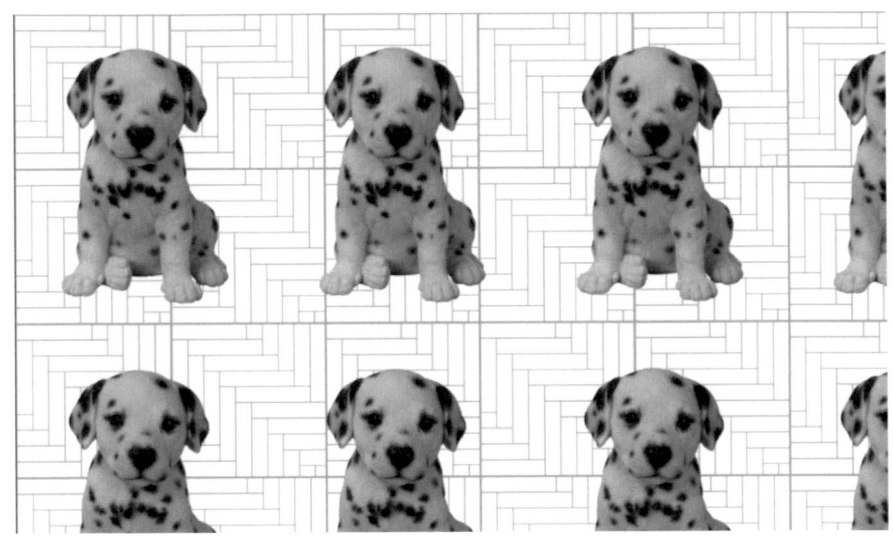

圖 152 │ 背景 15。

還有其他背景屬性也採用逗號分隔的列表。幾乎所有其他背景相關的屬性皆是如此，除 background-color 外。

同樣的，你可以使用下面示範的其他背景屬性為每個單獨的背景提供其他參數：

1   background
2   background attachment
3   background-clip
4   background-image
5   background-origin
6   background-position
7   background-repeat
8   background-size

很顯然的,以下的屬性不能使用列表:

1   background color

為背景提供多個顏色值代表了什麼?當你設定彩色背景屬性時,它通常會用純色填滿整個區域。但是,多重背景要求至少其中一個背景包含某種透明度。因此,使用多重背景沒有意義。

以上還不是關於背景圖片的全部內容。在結束這一章之前,讓我們來看看其他幾種情況。

14.6 background-attachment

你可以決定背景影像相對於捲軸的行為。

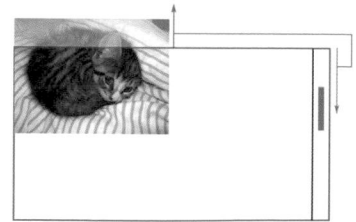

圖 153 │ background-attachment: scroll

此為前（左）和後（右）影像。

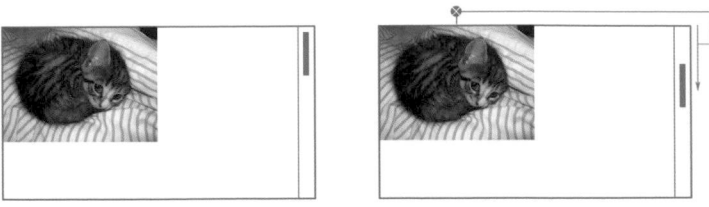

圖 154 │ `background-attachement: fixed`

固定背景對捲軸沒有反應。

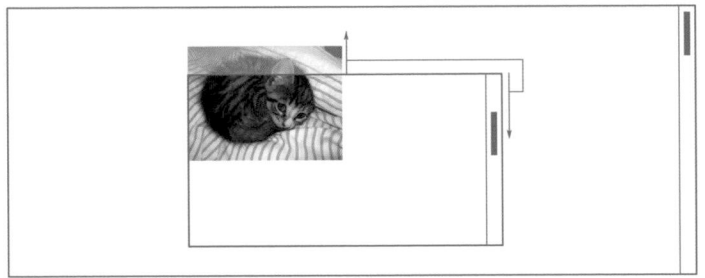

圖 155 │ `background-attachment: scroll`

14.7 background-origin

`background-origin` 屬性會依照 CSS 盒模型來決定背景影像將使用的區域範圍。

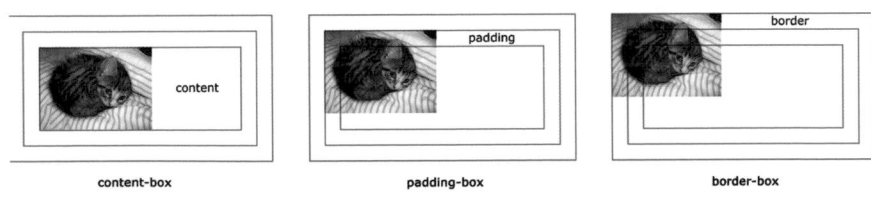

圖 156 │ `content-box`、`padding-box`、`border-box`

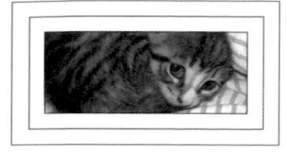

content-box   padding-box   border-box

圖 157 ｜ `content-box`、`padding-box`、`border-box`

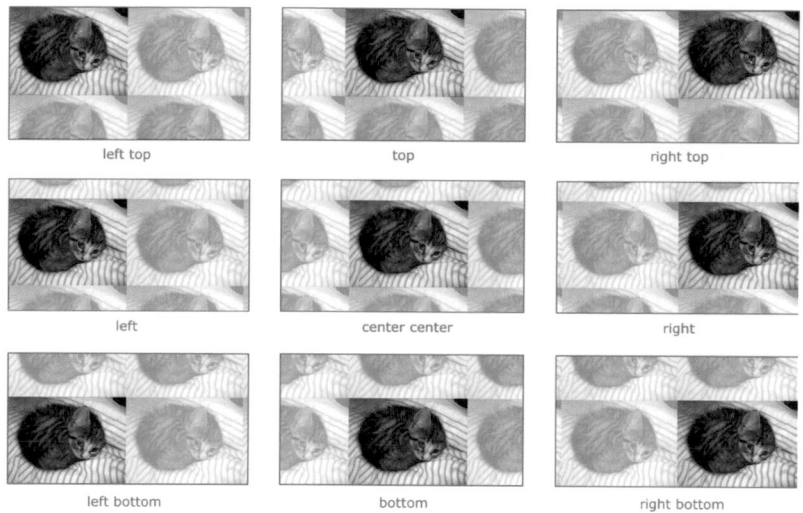

left top   top   right top

left   center center   right

left bottom   bottom   right bottom

圖 158 ｜ 為 `background-position-x` 和 `background-position-y` 提供以下值，來製造任一背景定位模式：`left top`、`top`、`right top`、`left`、`center center`、`right`、`left bottom`、`bottom`、`right bottom`。

最後，除了影像之外，`background` 屬性還可以指定純色、線性漸層或放射狀漸層。

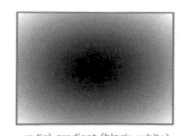

background-image: url("kitten.jpg")   background-color: yellow   linear-gradient (black, white)   radial-gradient (black, white)

圖 159 ｜ 其他可能的 `background` 屬性值範例。提醒一下，這本書中有一整個章節在介紹線性和放射狀漸層。

15 object-fit

有些背景功能已被一個解決方式不太相同的 `object-fit` 屬性取代了。透過各種值，你可以做出以下任何效果：

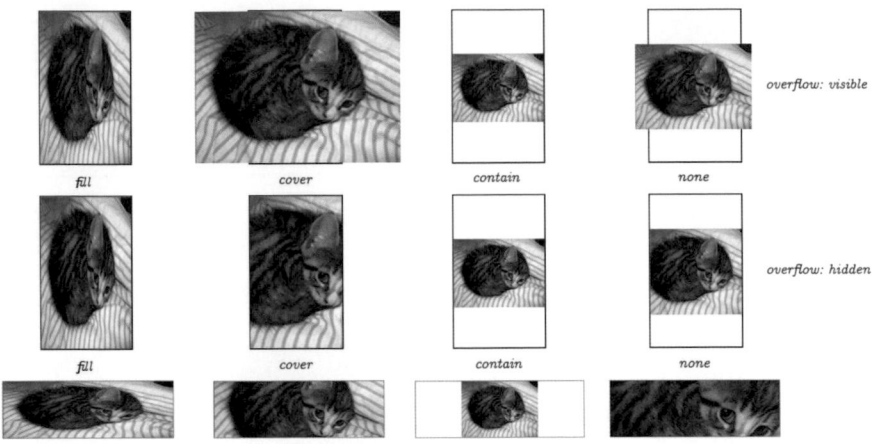

圖 160｜這裡的 `object-fit` 屬性幾乎展示了所有我們可能想要將物件放進父容器中的方式。留意一下，儘管 object-fit 和 background 屬性類似，但它使用的是非背景影像（使用 `<img>` 標籤）、影片和其他「物件」。

上面的影像範例中示範的可用值從左到右依次為：`fill`（填滿）、`cover`（覆蓋）、`contain`（內含）和 `none`（無）。

第一列是 `overflow:visible`。第二列是 `overflow:hidden`。第三列與第二列是相同的，不過實際 HTML 元素的尺寸互換了，以便示範垂直或水平尺寸較大時，確實會產生稍微不同的結果。

16 Borders

CSS 邊界除了美觀之外,還有許多功能。尤其是邊界半徑(只有在 X 和 Y 軸的值同時具備時)會如何影響同一元素的其他邊角。但是在繼續向下看之前,讓我們先來介紹一下邊界。

```
<body style = "margin: 30px;">
    <div id = "container">
        <div style = "width: 100%; height: 100%;
              background: white;">CSS Is Awesome.</div>
    </div>
</body>
```

CSS Is Awesome.

```
var x = document.getElementById("container");
x.style.fontSize = "25px";
x.style.lineHeight = "50px";
x.style.width = "500px";
x.style.height = "200px";
x.style.border = "30px solid silver";
x.style.background = "url(diag.png)";
x.style.padding = "30px";
```

圖 161 | 你可以透過 JavaScript 輕鬆存取所有相同的 CSS 屬性。舉例來說,只要在一個物件上使用 `document.getElementById("container")` 就可以抓出所有 CSS 屬性。它們附加在物件的 element.style 屬性上。

你可以使用 border 屬性來同時設定全部的邊界值。

```
1   border: 5px solid gray;
```

你也可以用 border-radius 來指定圓的半徑，在元素的四個角上設定圓角的曲率：

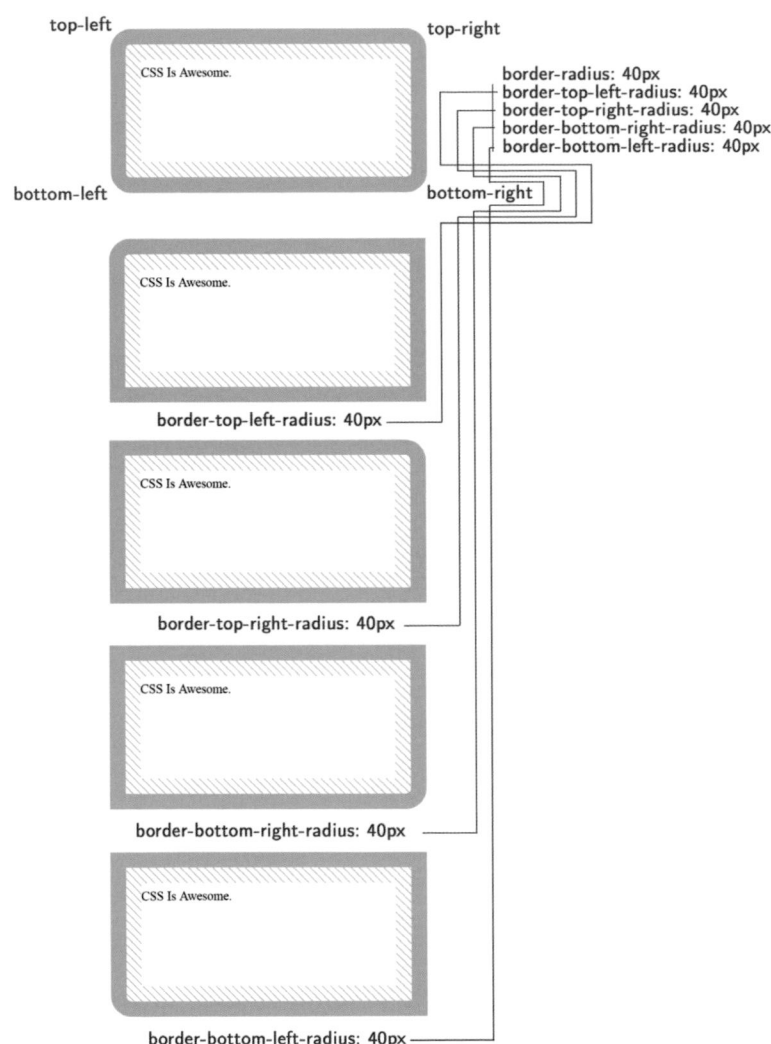

圖 162 │ border-radius

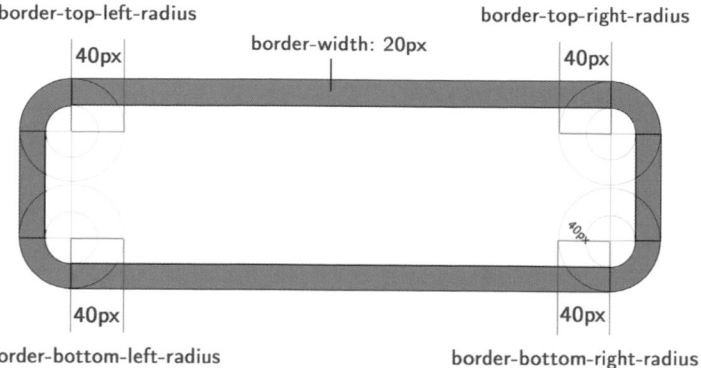

圖 163 ｜ border-top-left-radius、border-top-right-radius、border-bottom-left-radius、border-bottom-right-radius。

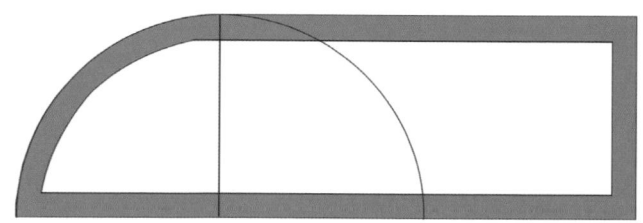

使用最大值（超過或等於元素寬度或高度的兩倍）

圖 164 ｜ 使用等於或大於元素單側大小的值（來套用邊界半徑），會產生此區域能容納的最大半徑。

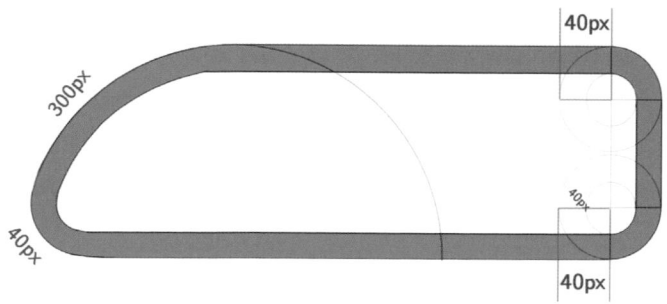

圖 165 ｜ border-top-left-radius:300px、border-top-right-radius:40px、border-bottom-left-radius:40px、border- bottom -right-radius:40px。

16.1　橢圓邊界半徑

用了 CSS 那麼久，我一直沒注意到 border-radius 屬性可以製作橢圓形的邊框。這是真的。但橢圓曲線的結果，並不像統一的兩軸半徑值那麼容易預測。

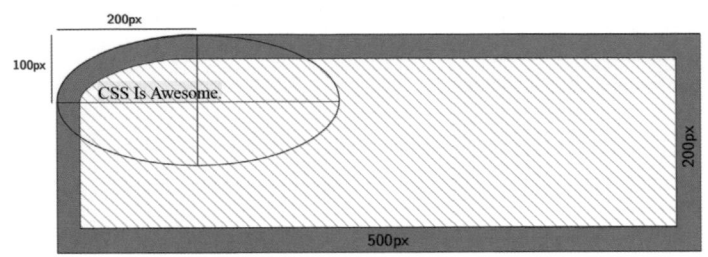

圖 166 ｜ `border-top-left-radius:200px 100px`

為同一角上的每個軸指定兩個值（以空格分隔）來設定橢圓半徑。

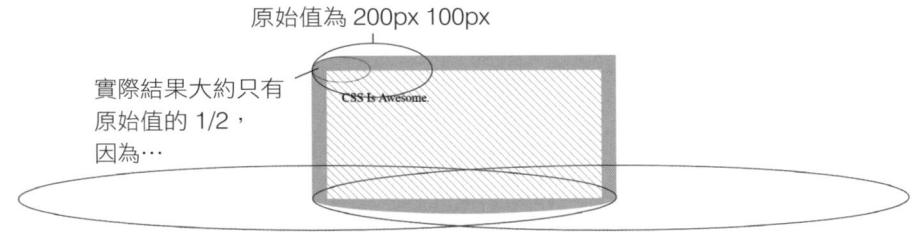

圖 167 ｜在使用極大的橢圓半徑值時，這個角的曲線可能會影響到相鄰角的曲線，尤其是半徑較小的角。這就會變得難以預測。但好消息是，這種開放性帶來了更多的創造性的實驗空間。你只需要使用不同的值來嘗試做出想要的效果或曲線。

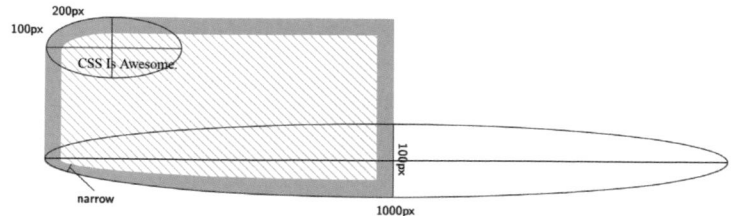

圖 168 │ 將大的值套用到橢圓角上的背後原理。

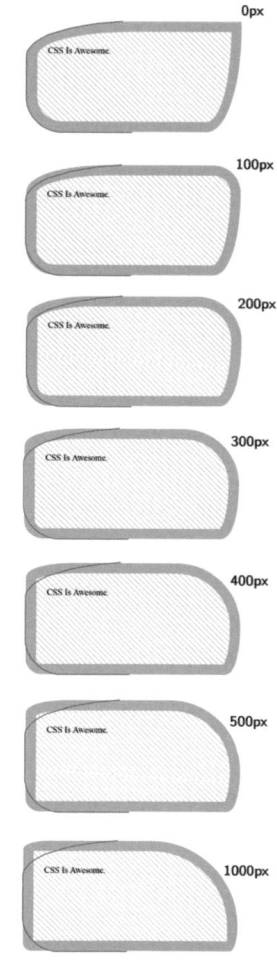

圖 169 │ 在此範例中，我們只更動右上角曲線的值。但是留意一下，此元素的所有圓角會彼此牽動，即使是值並未更動的那些角。

17 2D 轉換

2D 轉換可以 translate（平移）、scale（縮放）或 rotate（旋轉）HTML 元素。

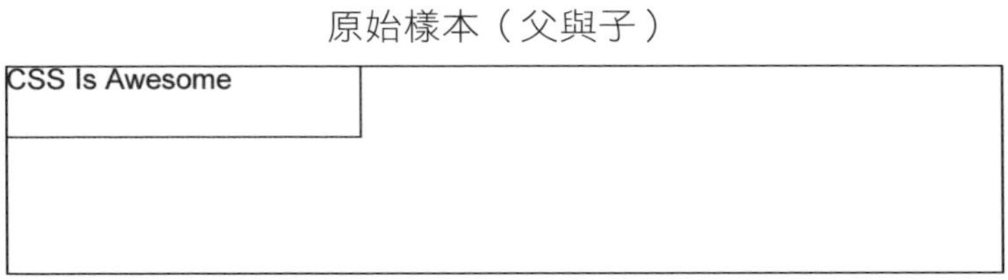

原始樣本（父與子）

CSS Is Awesome

圖 170 ｜我們要用這個簡單的 HTML 元素樣本來示範 2D CSS 轉換。

17.1　translate

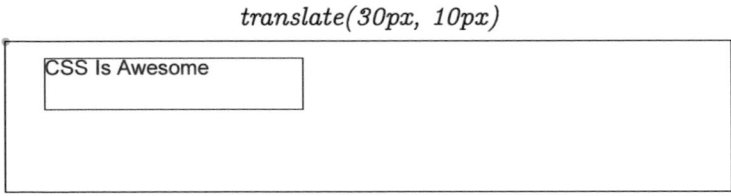

translate(30px, 10px)

CSS Is Awesome

圖 171 ｜我們可以使用 transform:translate（30px, 10px）將元素沿 X 和 Y 軸移動，而不是使用 top 和 left 屬性。

17.2　rotate

rotate(5deg) 會讓元素繞中心做旋轉

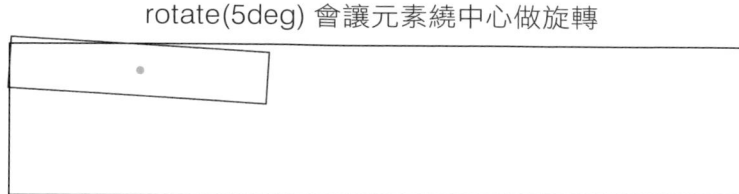

圖 172 ｜ 使用 `rotate`（*angle*）讓元素繞著中心旋轉，angle 是介於 0 到 360 度之間的角度，並加上「deg」單位。

translate(30px, 10px) rotate(5deg)

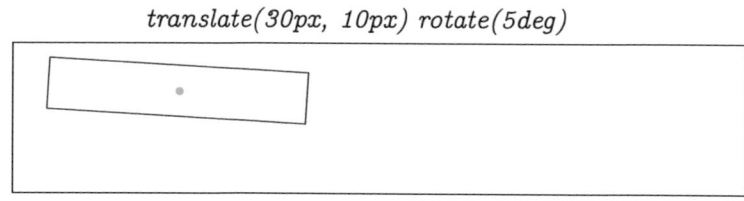

圖 173 ｜ 你可以同時平移和旋轉元素。

所有後續元素的相對位置都會維持不變

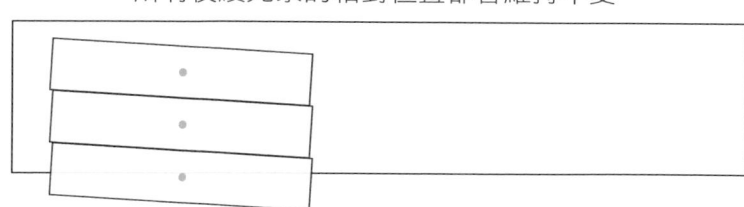

圖 174 ｜ 三個元素的 `display:block; position:relative;` 設定為相同的角度。

依據元素尺寸的百分比來平移

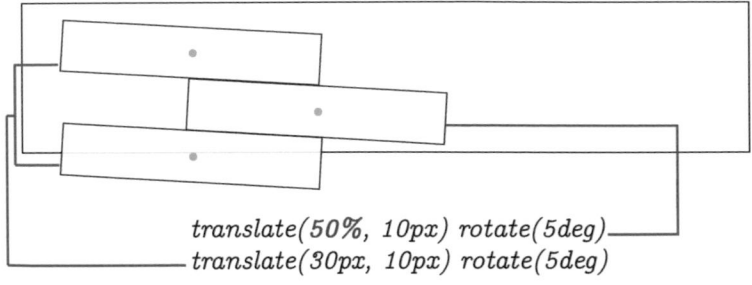

translate(50%, 10px) rotate(5deg)
translate(30px, 10px) rotate(5deg)

圖 175 ｜「平移」轉換可以採用元素尺寸的百分比值。

整個結構會像區塊元素一樣維持不變

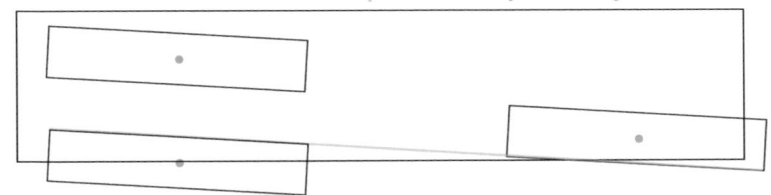

圖 176 ｜即使經過旋轉，相關元素仍會維持在文件中的位置。

不同的旋轉角度不會移動周遭的元素

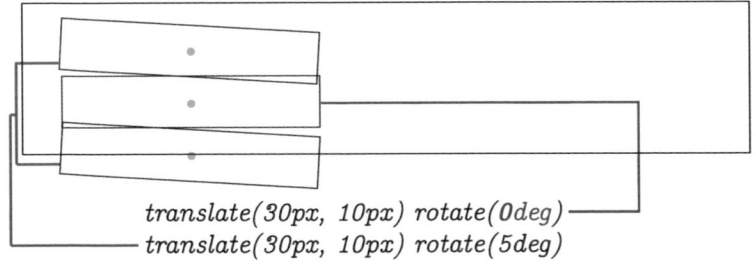

translate(30px, 10px) rotate(0deg)
translate(30px, 10px) rotate(5deg)

圖 177 ｜在元素之間旋轉一個元素，並不影響其他兩者的位置。它們的邊緣將會重疊。

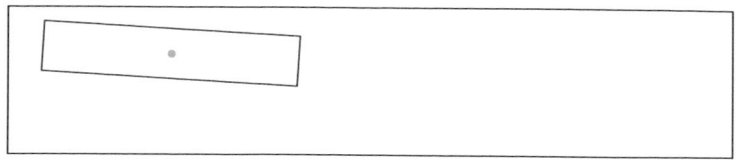

平移和旋轉的順序不影響結果

translate(30px, 10px) rotate(5deg)
與
rotate(5deg) translate(30px, 10px)
是相同的

圖 178 | 順序無關緊要。

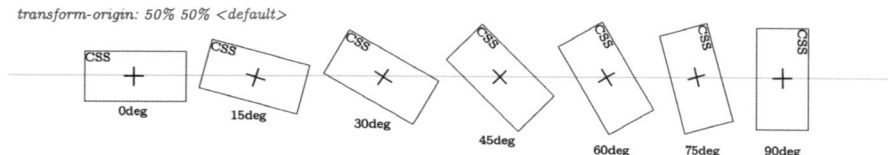

圖 179 | 在預設情況下,「旋轉」轉換會讓元素圍繞中心點旋轉。

17.3 transform-origin

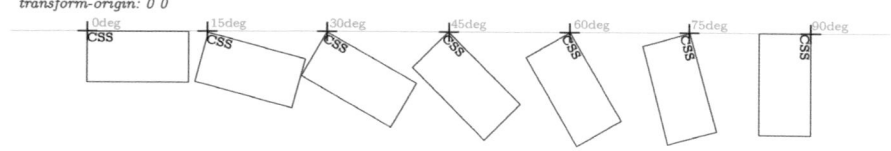

圖 180 | 使用 `transform-origin:0 0;` 來移動旋轉原點。

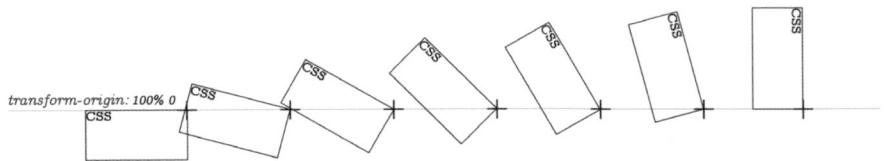

圖 181 ｜ 轉換原點 transform-origin:100% 0

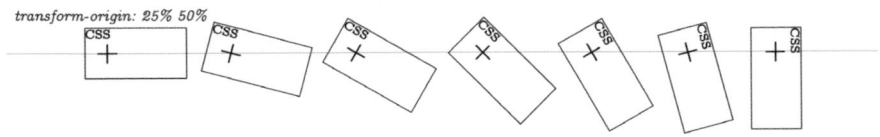

圖 182 ｜ 旋轉原點不一定要位於元素的中間或角落。它可以在任何地方。

18 3D 轉換

3D 轉換可以透過透視角度，將一般 HTML 元素轉換為 3D。

18.1 rotationX

讓我們使用 `transform:rotateX` 在 X 軸上旋轉元素。

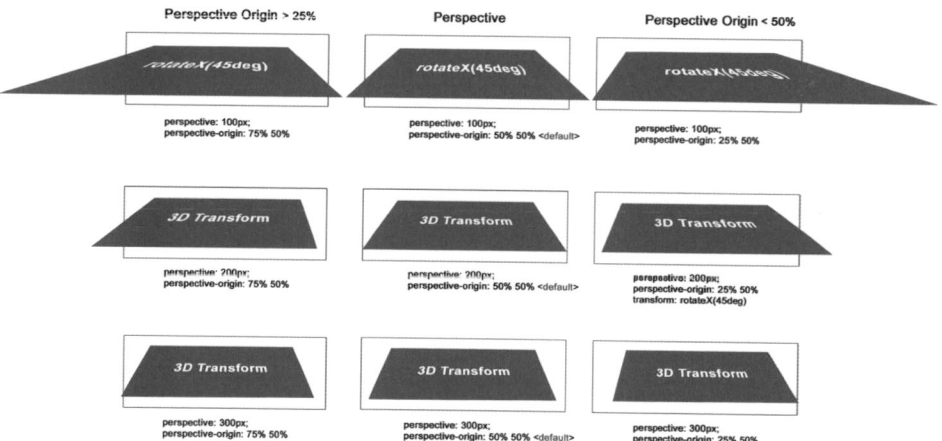

圖 183 | 此範例由上到下的每一列，示範使用 Perspective 屬性將 HTML 元素的視角從 100px 改變為 200px 再改為 300px 時，HTML 元素會發生什麼情況。`Perspective-origin` 屬性也示範了原點偏移時產生的傾斜。

18.2　rotateY 和 rotateZ

在 Y 和 Z 軸上旋轉元素會產生以下結果：

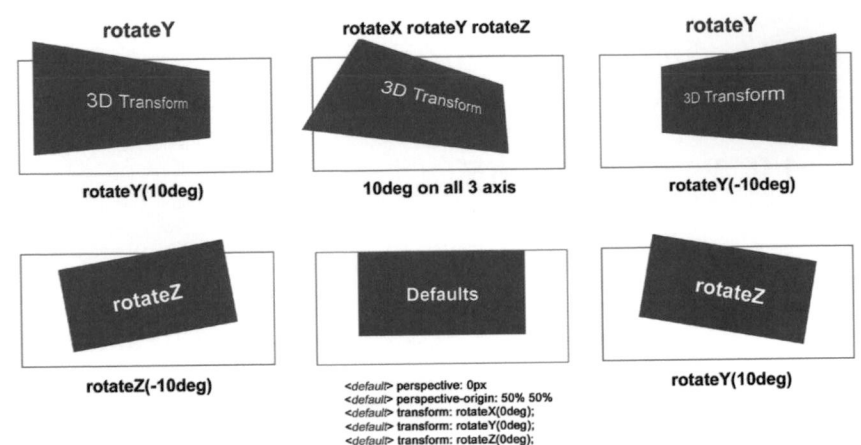

圖 184 ｜ 在 Y 和 Z 軸上旋轉。

18.3　scale

縮放元素會減小或增加 3 軸上的相對大小。

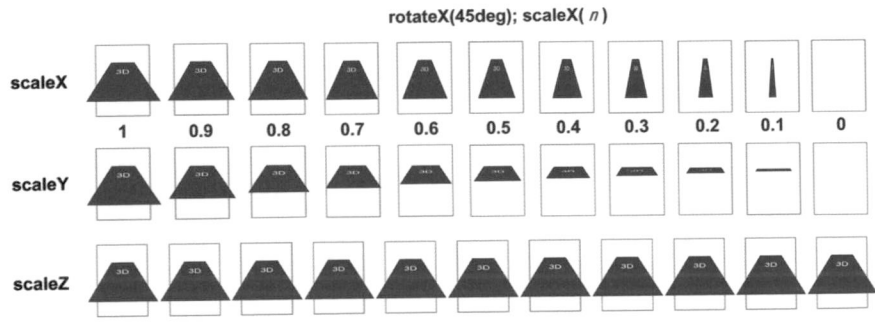

圖 185 ｜ 同樣的，你可以在 3 個軸的任一軸上「縮放」一個元素。如果沒有設定透視角度，則 Z 軸上的縮放比例不會改變元素的外觀。

18.4　平移

你可以沿著元素的 3 維進行平移。此圖說明了沿 X，Y 或 Z 軸上平移元素的效果。留意一下，鏡頭是朝向 Z 軸的負方向。因此，放大元素的 Z 軸會使它在視覺上「更接近」。換句話說，它的大小會隨著它向鏡頭的靠近而變大。

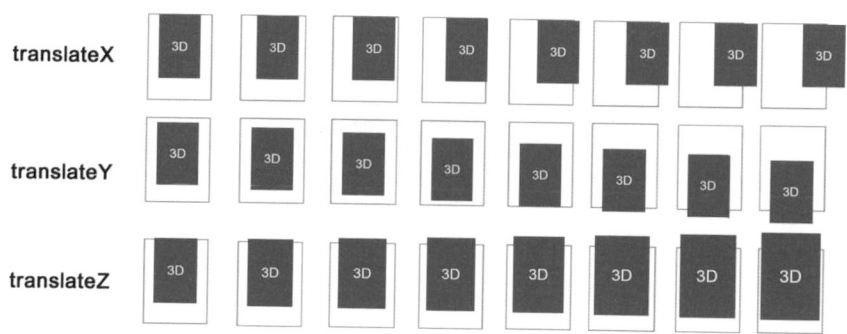

圖 186 ｜沿 3 軸（X，Y 和 Z）平移元素。

	X	Y	Z	
	m_1	m_2	m_3	m_4
	m_5	m_6	m_7	m_8
	m_9	m_{10}	m_{11}	m_{12}
	m_{13}	m_{14}	m_{15}	m_{16}

transform: **matrix**(m1,m2,m3,m4,m5,m6,m7,m8,m9,m10,m11,m12,m13,m14,m15,m16)

圖 187 ｜ CSS 提供了一個由 4 x 4 網格組成的「矩陣」。3D 矩陣的運作方式不在本書的討論範圍之內，但基本上，它們改變了透視。它們通常用在 3D 電玩遊戲來設定攝影機鏡頭，以觀看主要角色或「鎖定」在移動的對象上。

18.5 製作 3D 立方體

讓我們來利用 CSS 中的 3D 轉換知識，製作一個由 6 個 HTML 元素構建而成的 3D 立方體。

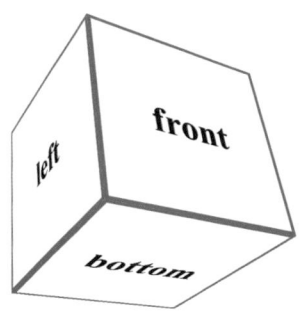

圖 188 ｜由 6 個 HTML 元素組成的 3D 立方體，每個元素都平移了其寬度的一半距離，並在所有方向上旋轉 90 度。

```
<div class="view">
    <div class="cube">
        <div class="face front">front</div>
        <div class="face back">back</div>
        <div class="face right">right</div>
        <div class="face left">left</div>
        <div class="face top">top</div>
        <div class="face bottom">bottom</div>
    </div>
</div>
```

```
.view {
  width: 200px;
  height: 200px;
  perspective: 300px;
}
```

圖 189 ｜這是我們的設定值。它只有 6 個 HTML 元素，每個元素都有唯一的 class 和 3D 轉換。

讓我們來建造立方體吧！

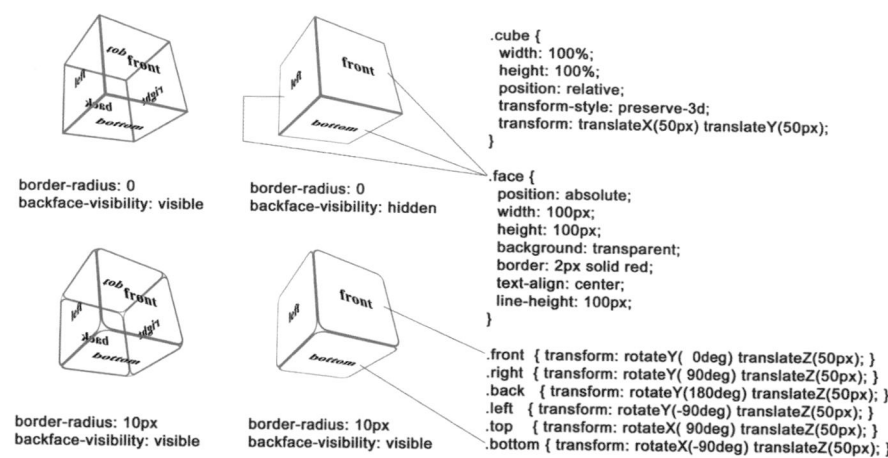

```
.cube {
  width: 100%;
  height: 100%;
  position: relative;
  transform-style: preserve-3d;
  transform: translateX(50px) translateY(50px);
}

.face {
  position: absolute;
  width: 100px;
  height: 100px;
  background: transparent;
  border: 2px solid red;
  text-align: center;
  line-height: 100px;
}

.front  { transform: rotateY(  0deg) translateZ(50px); }
.right  { transform: rotateY( 90deg) translateZ(50px); }
.back   { transform: rotateY(180deg) translateZ(50px); }
.left   { transform: rotateY(-90deg) translateZ(50px); }
.top    { transform: rotateX( 90deg) translateZ(50px); }
.bottom { transform: rotateX(-90deg) translateZ(50px); }
```

border-radius: 0
backface-visibility: visible

border-radius: 0
backface-visibility: hidden

border-radius: 10px
backface-visibility: visible

border-radius: 10px
backface-visibility: visible

圖 190 │ 圍繞著立方體的假想中心點來旋轉每個面,就可以建構出此 3D
物件。

留意一下,此處 backface-visibility 屬性設為 hidden,
以便隱藏背對鏡頭的元素。這使立方體呈現實心的樣子。

121

19 Flex

Flex 是一組在父容器上自動橫跨多欄和多列內容的規則。

19.1 display:flex

許多其他 CSS 屬性不同，flex 有一個主容器以及內嵌的項目。有些 CSS flex 屬性只用在父容器上，有些只用在項目上。

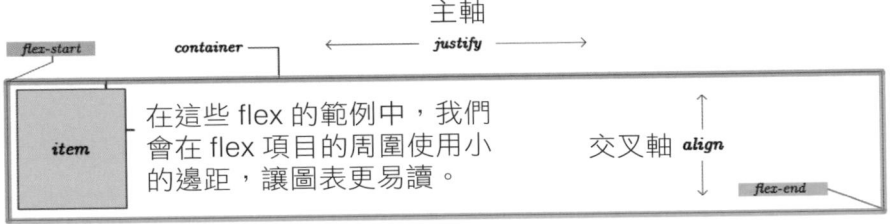

圖 191 | 你可以將 flex 元素視為帶有 display:flex 的父容器。放在此容器內的元素稱為項目。如圖所示，每個容器都有一個 flex-start 和 flex-end 點。

19.2 主軸和交叉軸

雖然項目列表是以線性方式呈現的，但是 flex 有欄和列。因此，有兩個坐標軸。水平軸稱為**主軸**，垂直軸稱為**交叉軸**。

若要控制內容的寬度和在主軸上水平延伸之間距的行為，要使用 justify 屬性。若要控制項目的垂直行為，要使用 align 屬性。

如果你有 3 個欄、6 個項目，則 Flex 會自動建立第二列來容
納剩下的項目。

如果列出的項目超過 6 個，它就會製作更多列。

圖 192 ｜ Flex 的項目平均分佈在主軸上。稍候我們會介紹完成此一效果
的屬性和值。

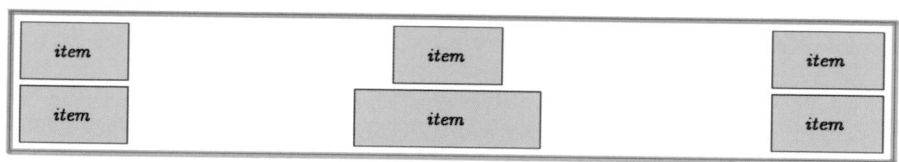

圖 193 ｜ 你可以決定欄數。

列 和 欄 在 父 元 素 內 的 分 佈 方 式 由 CSS Flex 屬 性 flex-
direction、flex-wrap 和其他一些屬性來決定，在本章後
續將有示範。

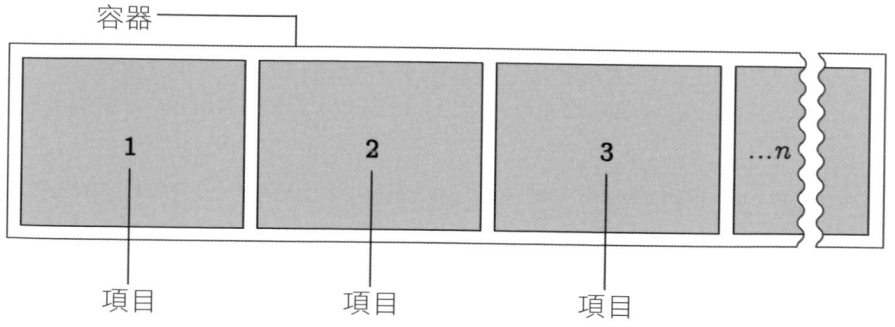

圖 194 ｜ 在這裡，我們在容器內放置了任意數量的項目。在預設值下，項
目是從左向右延伸。不過原點也可以反轉。

19.3 Direction（方向）

你可以透過反轉來設定項目的走向。

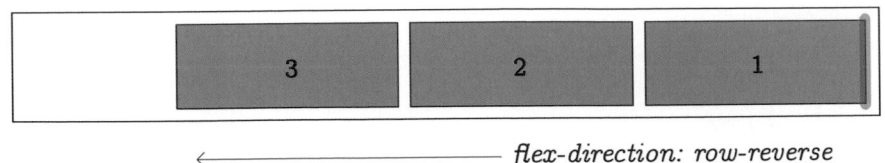

flex-direction: row-reverse

圖 195 ｜ `flex-direction:row-reverse` 改變了項目列表的方向。預設值為 row，代表它是從左到右，一如預期！

19.4 Wrap（換行）

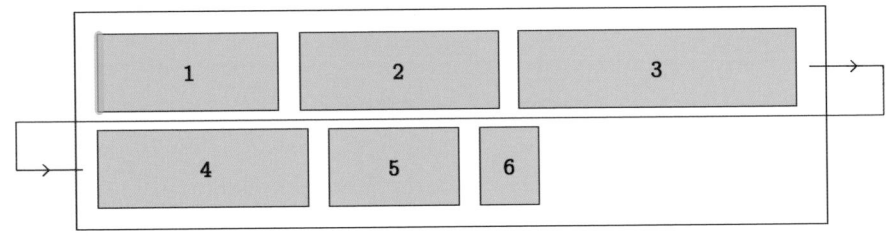

flex-wrap: wrap

圖 196 ｜ `flex-wrap:wrap` 決定了父容器空間不足時，項目該如何換行。

19.5 Flow（流向）

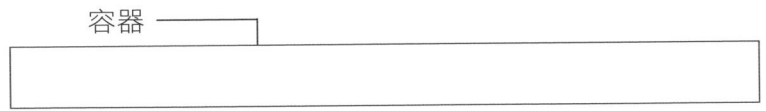

flex-flow: flex-direction<value> flex-wrap<value>

圖 197 ｜ `flex-flow` 是 `flex-direction` 和 `flex-wrap` 的速記形式，讓你只使用一個屬性名稱就能指定兩者。

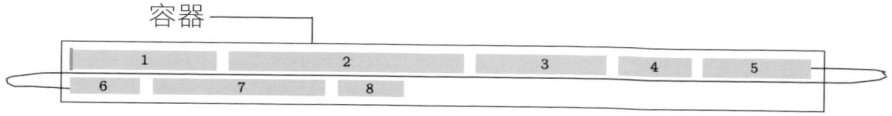

flex-flow: row wrap

圖 198 ｜ flex-flow:row wrap 指定了 flex-direction 為 row，flex-wrap 為 wrap。

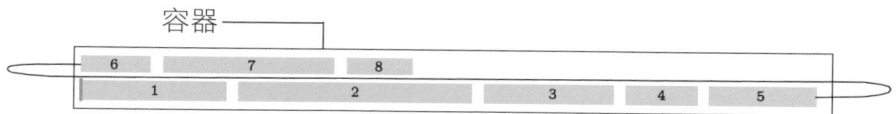

flex-flow: row wrap-reverse

圖 199 ｜ flex-flow:row wrap-reverse;

flex-flow: row wrap
justify-content: space-between

圖 200 ｜ flex-flow:row wrap; justify-content: space-between;

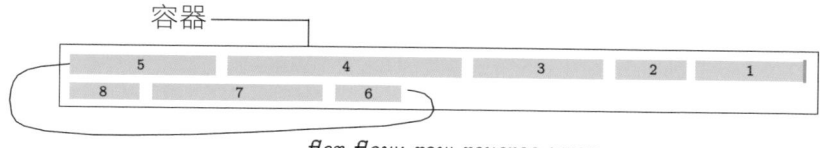

flex-flow: row-reverse wrap

圖 201 ｜ flex-flow:row-reverse wrap;

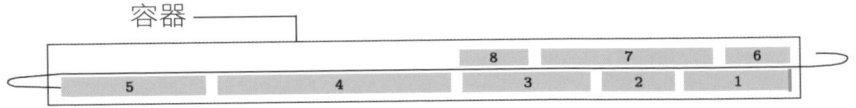

flex-flow: row-reverse wrap-reverse

圖 202 │ `flex-flow:row-reverse wrap-reverse;`

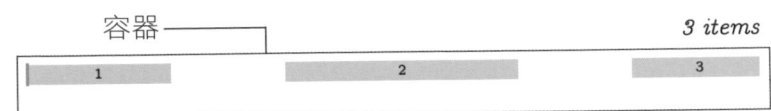

flex-flow: row wrap
justify-content: space-between

圖 203 │ `flex-flow:row wrap; justify-content: space-between;`

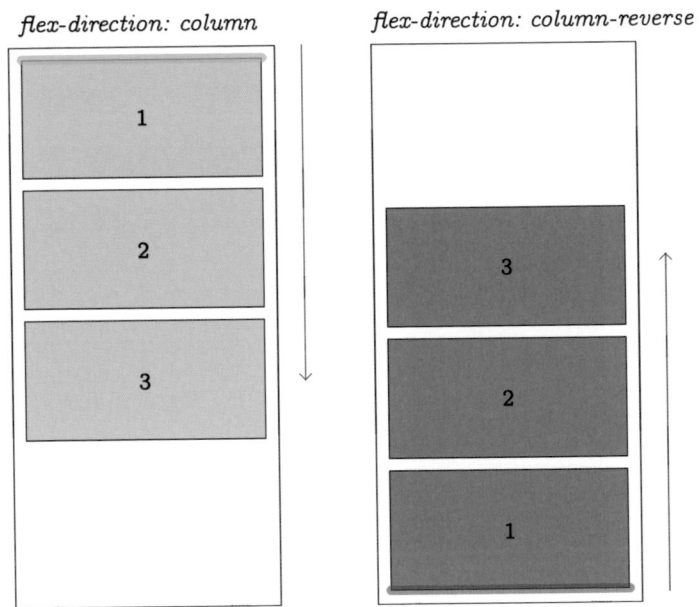

圖 204 │ 你可以改變方向，讓交叉軸成為主要軸。當我們將 flex direction 改變為 column 時，flex-flow 屬性的行為與之前的範例完全相同，唯一不同的是它們會遵循欄的垂直方向。

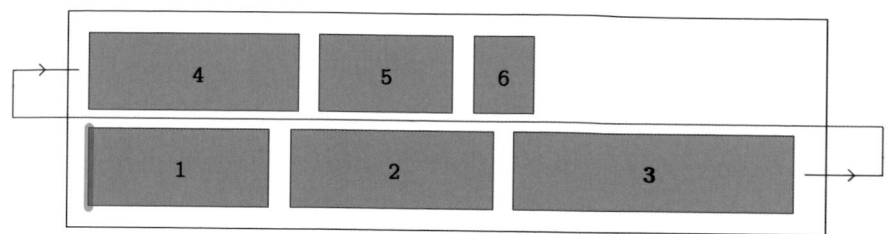

flex-wrap: wrap-reverse

圖 205 ｜ `flex-wrap:wrap-reverse`

19.6　justify-content: 值

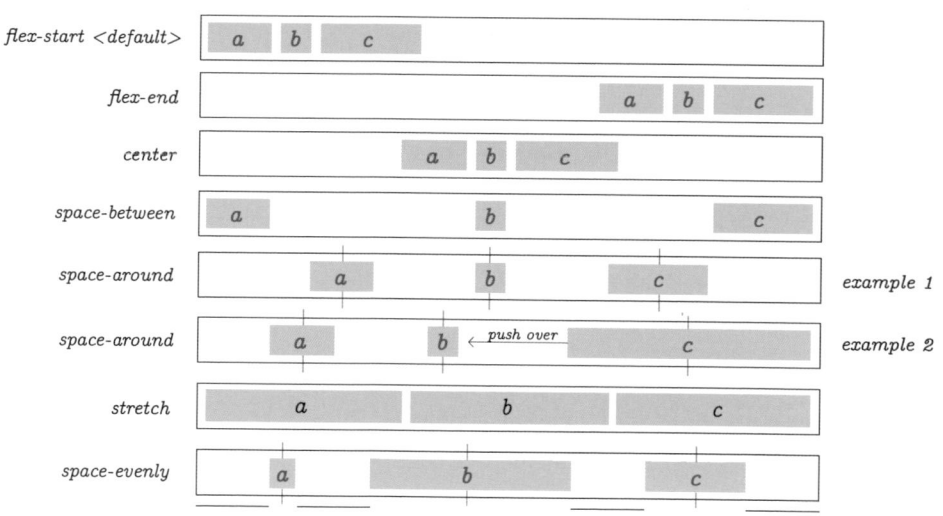

flex-direction: row

justify-content

無論元素尺寸為何，所有的空間都相等。

圖 206 ｜ `flex-direction:row; justify-content: flex-start`、*flex-end*、*center*、*space-between*、*space-around*、*stretch*、*space-evenly*。在此範例中，每列只用了 3 個項目。可以在 flex 中使用的項目數量沒有限制。這些圖表只顯示了 `justify-content` 屬性套用了各個值時，項目會有什麼反應。

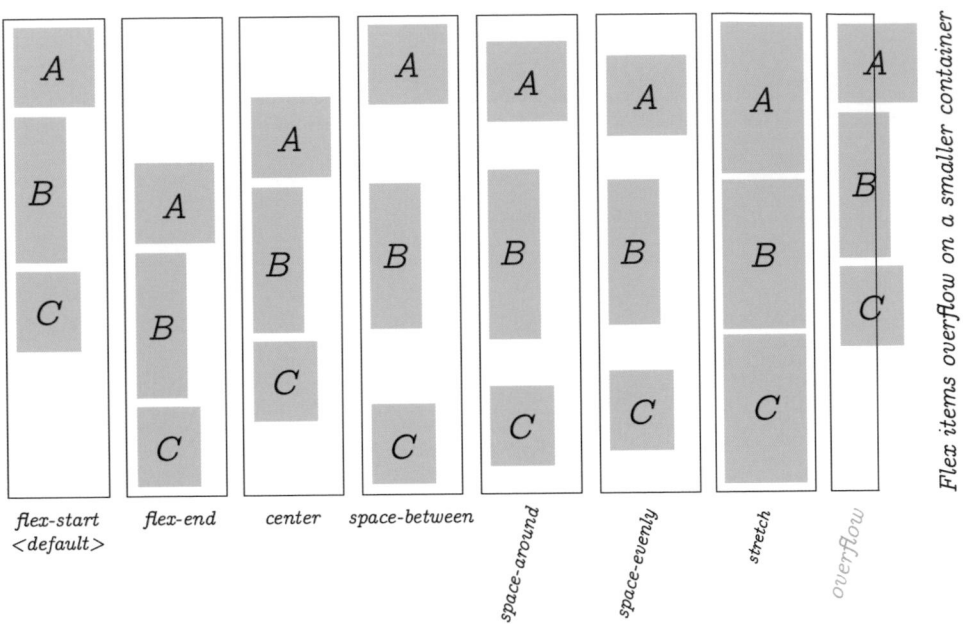

flex-direction: column

justify-content

flex-start
<default> *flex-end* *center* *space-between* *space-around* *space-evenly* *stretch* *overflow* *Flex items overflow on a smaller container*

圖 207 │ 這是 flex-direction 為 column 時,使用相同的 justify-content 屬性來對齊項目的效果。

flex-direction: column

用 align-content 來填滿 flex 線

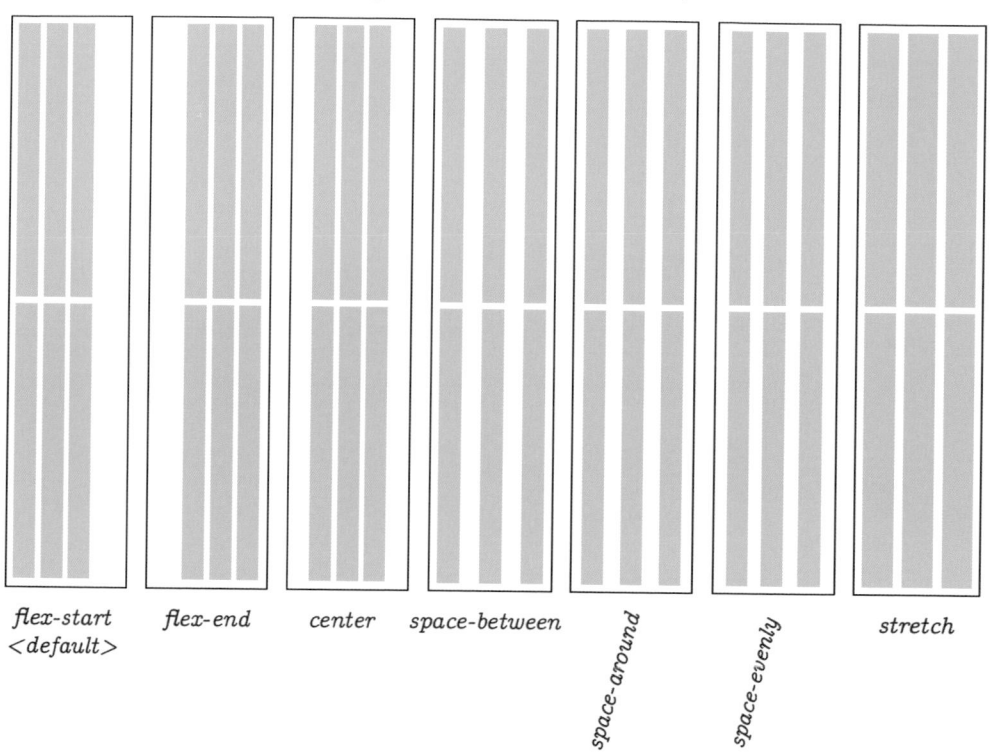

flex-start
<default>

flex-end

center

space-between

space-around

space-evenly

stretch

圖 208 │ 在 CSS 官方文件中，這稱為填滿 flex 線（packing flex lines）。在此範例中，flex-direction 設定為 column。

19.7　align-items

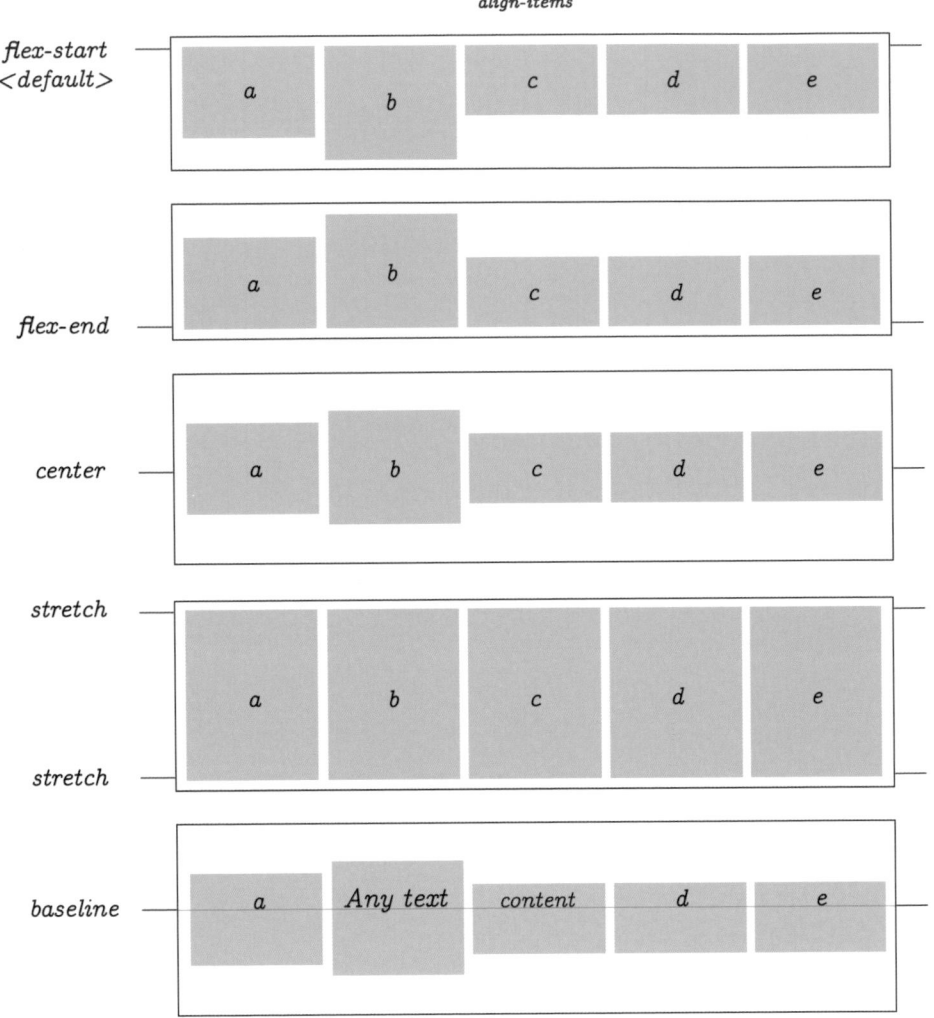

圖 209｜ align-items 控制了項目的水平對齊（相對於父容器）。

19.8 flex-basis

flex-basis: auto;

a	CSS	Is	Awesome	b	c

flex-basis: 50px;

a		CSS	Is		Awesome	b		c

圖 210 ｜ `flex-basis` 的運作方式類似另一個 CSS 屬性：flex 外部的 `min-width`。它會依據內部內容的大小來伸展項目的尺寸。若沒有指定，則會使用預設 basis 值。

19.9 flex-grow

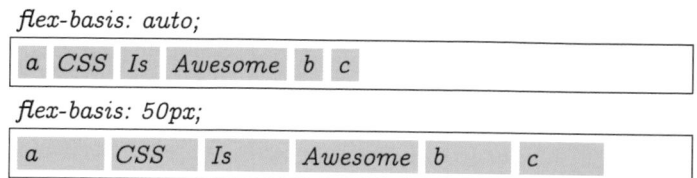

Flex Grow

flex-grow: n

圖 211 ｜ 當你將 `flex-grow` 套用在一個項目上時，它會依據同一列上所有其他項目的大小總和來縮放，而且這些項目將依據指定的值自動調整。在上一個範例中，商品的 flex-grow 值個別設定為 1、7 和（最後一個範例的 3 和 5）。

19.10 flex-shrink

Flex-shrink:7（比其他項目縮小 7 倍）

圖 212 ｜ flex-shrink 與 flex-grow 相反。此範例用數值 7 來「縮小」指定的項目，使它等於周圍項目大小的 1/7（這也是自動調整的）。

.item { flex: none | [<flex-grow> <flex-shrink> || <flex-basis>] }

圖 213 ｜ 在處理單個項目時，你可以用單一屬性 flex 來速記 flex-grow、flex-shrink 和 flex-basis。

19.1 order

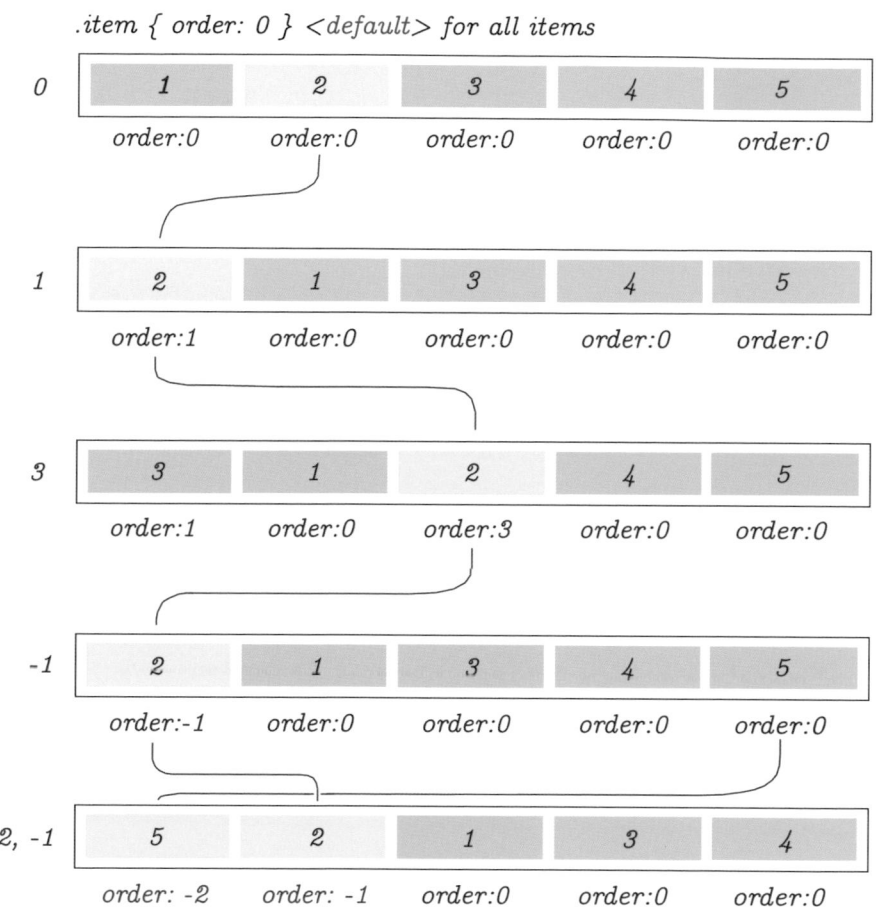

圖214 | 使用 order 屬性可以重新排列項目的自然順序。

19.12　justify-items

normal | auto <default> 和 start、flex-start、self-start、left 一樣

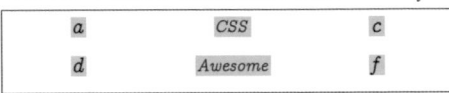

stretch（自動寬度、項目尺寸必須設成一個合理的大數值）

center（或 safe center 和 unsafe center）　center（範例）依據內容來延展

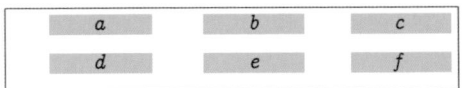

end 和 flex-end、flex-end 和 self-end 或 right 一樣

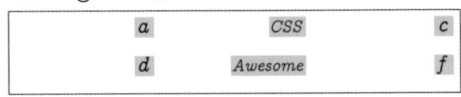

圖 215 │ justify-items 與 Flex 的 justify-content 相似，但是用在 CSS 網格上。這是我們的下一個主題。

19.13　互動式 Flex 編輯器

顧名思義，Flex 提供了能夠動態回應父容器尺寸的版面配置元素。不過也正因如此，要在印刷刊物上解釋它全部的功能是有困難的。

有一些教師與我聯繫，說他們使用此工具在課堂上教導 Flex。

請至 `http://www.csstutorial.org/flex-both.html` 試試這個互動式 Flex 編輯器。

那些不想只為了建立新的 flex 版面就手動鍵入冗長的 HTML 程式碼的程式人員，也會使用這個編輯器 —— 你可以用它來建立版面，並且按下一個按鈕就能複製 HTML 程式碼！

20 CSS 網格

20.1 CSS 網格模型

如果 CSS 網格有盒模型的話，看起來可能會像這樣：

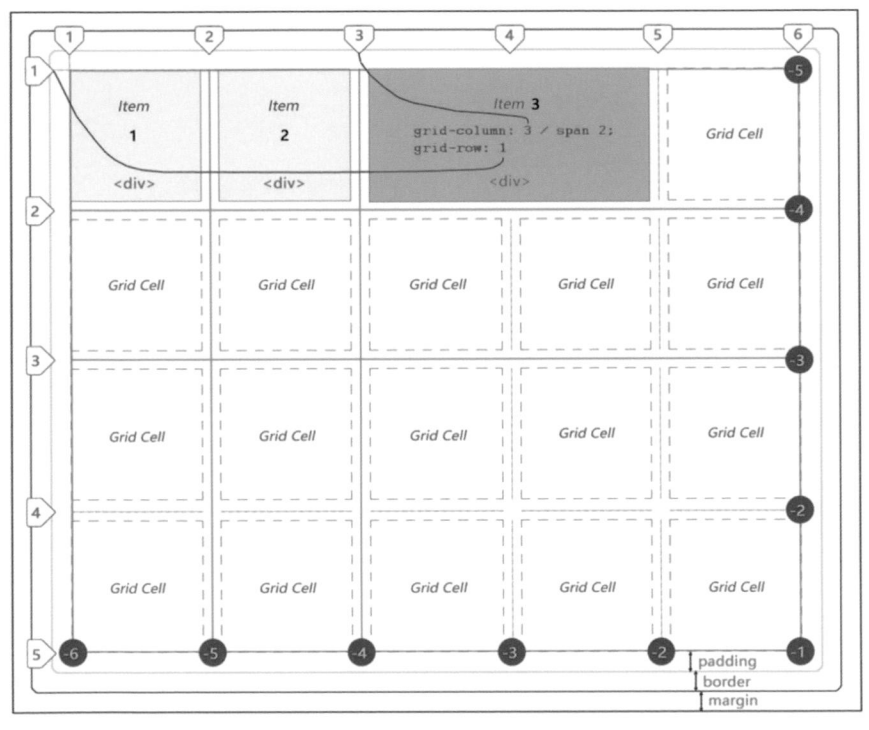

網格本身只是一個空間的鷹架，分解成儲存格。設計師的任務是提供足夠的內部項目／儲存格，來決定網站或網路應用軟體的特定區域配置。

深色的圓圈代表負的座標系，起點為右下角的 [-1，-1]。

21 CSS 網格 —— 使用模版區域

先前的單元中曾討論過模版區域，但要如何利用它們來構建實際的版面配置呢？

請記得，為求創新，CSS Grid 的設計具有開放性，無需遵循任何公式或模式。

你會自然發現的一種常見技巧，是使用 grid-template-areas 將版面配置劃分為多個區域，並以字元串格式為每一列提供區域名稱，如下圖範例所示：

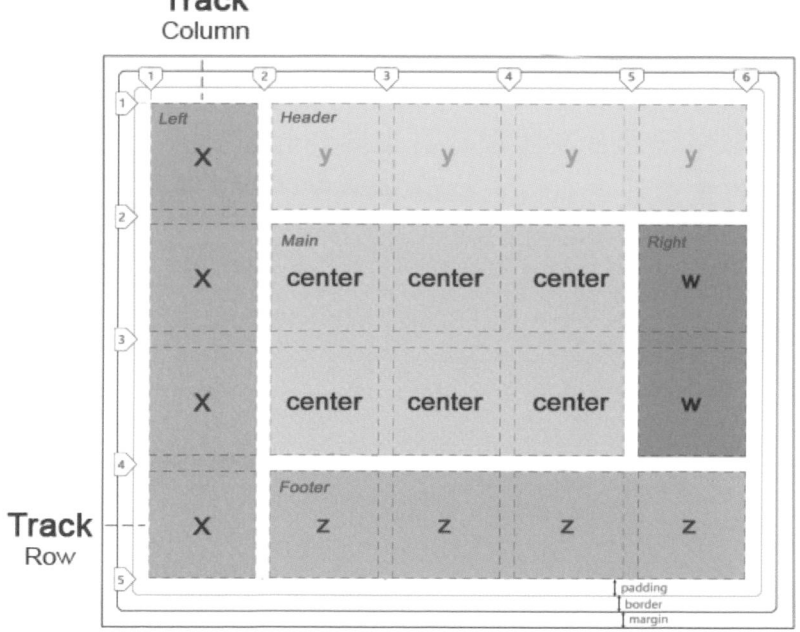

圖 216｜你不能建立不規則形狀的區域。它們必須是正方形或矩形。

網格版面配置可以這樣寫：

```
001 div#grid {
002     display: grid;
003     grid-template-areas:
004
005         'x y y y y'
006         'x center center center w'
007         'x center center center w'
008         'x z z z z';
009 }
```

它的 HTML 可以這樣寫：

```
001 <div id = "grid">
002     <div style = "grid-area: x"> Left </div>
003     <div style = "grid-area: y"> Header </div>
004     <div style = "grid-area: z"> Footer </div>
005     <div style = "grid-area: w"> Right </div>
006     <div style = "grid-area: center"> Main </div>
007 </div>
```

模版區域很適合為版面建立主要的外部支架。通常 Web 程式人員會指派 display:flex 到內部的儲存格上。

21.1　CSS 網格和媒體查詢

21.1.1　媒體查詢

媒體查詢與 if 陳述類似。

它們以 @media 規則開頭，並在括號中指定條件。

21.1.2　依據瀏覽器大小改變內容

媒體查詢最常見的用途之一，是依據目前瀏覽器的尺寸來進行某些事，所以它們通常是回應式（responsive）版面的首選。

在這個用途下，媒體查詢會模仿 JavaScript 中的 onresize 事件，不同的是你不需自己編寫任何的事件回呼（event callback）。

我在 2017 年於德州一家軟體公司的工作面試中，團隊負責人提出了電腦科學家（或者説所有科學家）透過「填補空白」來獲得進步的想法。

這個想法一直跟著我。

也許你像我一樣，一直嘗試透過學習 CSS 網格來填補空白，就好像 JavaScrip 社群努力追逐各種突然蹦出來的技術一樣。

我編寫這本書的過程中，運用了這個概念。這也是我為何決定採用現有的 413 個 CSS 屬性，並透過圖表讓它們視覺化。

雖然我自認為是為 JavaScript 程式設計師，但我其實也有圖形設計思考的傾向。也許在將「填補空白」的想法套用到此教學的 CSS 網格時，有點不按牌理出牌。

請容忍一下。

正如專業書籍設計人員已經知道的，CSS 網格的關鍵不僅在於掌握版面配置設計的可見部分，而是看不到的部分。

容我稍作解釋。

書籍設計者關心邊界 —— 本質上這是書籍設計中一個看不見的元素。它或許不起眼，但如果你將頁邊空白（讀者最不注意的元素）刪掉，整個閱讀體驗就會變得怪異。

讀者僅在沒有空白時才會注意到空白。因此，身為（任何事物的）設計師，同等重視設計中的隱形元素是必須的。

我們可以將內容隨便塞入版面配置中就了事。但是當我們使用 CSS 網格進行設計時，可否將它看成我們正在處理進階版本的書籍頁邊？可以的。

間距。

當然，CSS 網格遠遠超出設計書籍頁邊的概念，但是所謂的「無形設計」的原理是相同的。看不到的東西很重要。在 CSS 網格中，這個概念就是間距。

CSS 網格就像將書頁邊距提升到一個新層次。可以這麼說。

21.2　建立你的第一個 CSS 網格

和 Flex 一樣，CSS 網格屬性不會只套用到一個元素上。網格是一個單元，由父元素和其中包含的項目組成。

首先 ... 我們需要一個容器和一些項目。

CSS 網格的流向可以朝任一方向。但它的預設值為 row。

這表示，如果所有的其他預設值都沒有修改，那麼你的項目將自動形成一排，其中每一項都會繼承網格之容器元素的寬度：

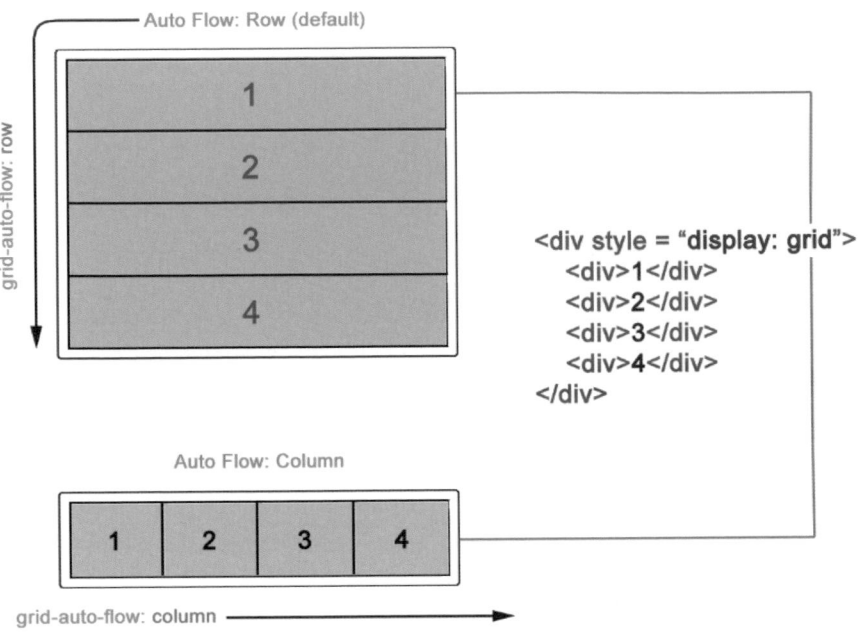

圖 217 ｜ 與 Flex 一樣，CSS Grid 可以依照 grid-auto-flow 屬性指定的 direction:rows 或 columns 來對齊項目。

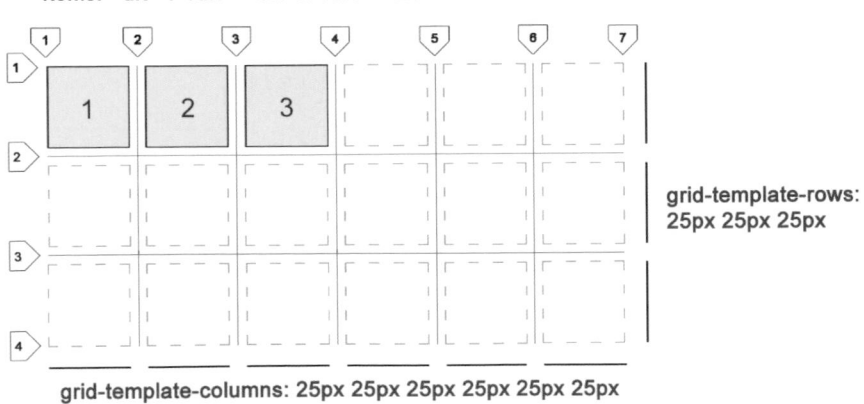

圖 218 ｜ CSS 網格創造了一個虛擬的網格環境，其中的項目不必填滿網格的整個區域。但是，你加入的項目越多，就有更多的佔位空間（placeholder）可用來填滿網格。CSS 網格會使此自動過程更加優雅。

142

CSS 網格使用欄和列的模版，來決定要在網格中使用的水平和垂直項目數量。如上圖所示，你可以分別使用 CSS 屬性 `grid-template-rows` 和 `grid-template-columns` 來指定其編號。這是 CSS 網格的基本構造。

你會馬上注意到的一件事，是關於「間距」（gap）的定義。它與我們之前在其他 CSS 屬性中看到的不同。間距是從元素的左上角為起點，以編號方式定義的。

欄之間的間距數量是欄數 +1。同樣的，列之間的間距數量是列數 +1。一如預期。

CSS 網格沒有預設的 *padding*、*border* 或 *margin*，此外它所有的項目都假定為 `content-box`。意思是，內容是位在有 padding 的項目內部，而不是像所有其他常見區塊元素一樣是在外部。

這可以說是 CSS 網格最佳的優點之一。我們終於有了一個新的版面配置工具，在預設之下會將其盒模型視為 `content-box`。

使用屬性 `grid-row-gap` 和 `grid-column-gap` 時，你可以依照欄或列分別設定 CSS 網格的間距大小。或者為方便起見，僅用單一屬性 `grid-gap` 做速記。

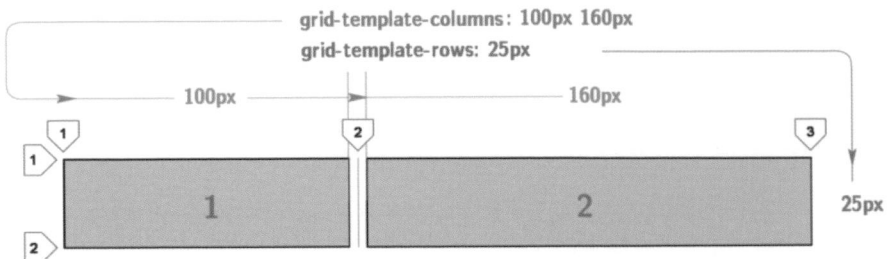

圖 219｜在這裡，我製作了一個由一列和兩欄組成的微型網格。留意一下，圖上的楔形標出了項目之間的水平和垂直間距。由現在起的未來圖表中，都會用這些楔形來標註間距。gap 和 border 或 margin 略有不同，因為網格區域的外部不會被 gap 填滿。

要了解 CSS 網格，可以用一個簡單的例子來做說明。在這裡，我們用 `grid-template-columns` 和 `grid-template-rows` CSS 屬性來定義基本 CSS 網格版面。這些屬性可以有多個值（應該用空格分隔），而這些值將變成欄和列。

在這裡，我們使用這些屬性定義了一個由兩欄（100px 160px）和一列（25px）組成的簡單 CSS 網格。此外，即使 gap 大小有定義，網格容器外部 border 上的 gap 也不會增加額外的 padding。因此，應該將它們視為邊緣。換句話說，欄和列之間的間距，是唯一受 gap 尺寸影響的間距。

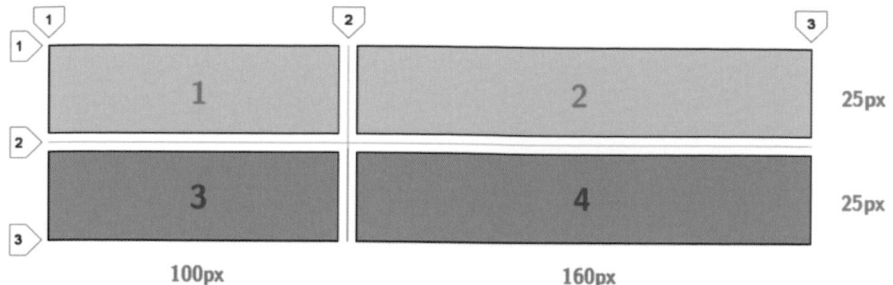

圖 220 │ 若 CSS 網格列的模版已沒有足夠空間可容納，加入更多項目將會自動延展 CSS 網格，以開啟更多空間。在這裡，我將項目 3 和項目 4 加到前一個範例中。但是 grid-template-columns 和 grid-template-rows 屬性提供的模版最多僅有 2 個項目。

21.3 隱式列和欄

於是 CSS 網格會將它們加到它自動建立的隱式佔位空間中，即使它們並未被指定為網格模版的一部分。

隱式（我也喜歡稱其為自動）佔位空間會承襲現有模版的寬度和高度。

它們在必要時會擴展網格區域，通常是在項目數量未知時。例如，與數據庫的溝通後回傳，並從產品檔案中抓了一些影像。

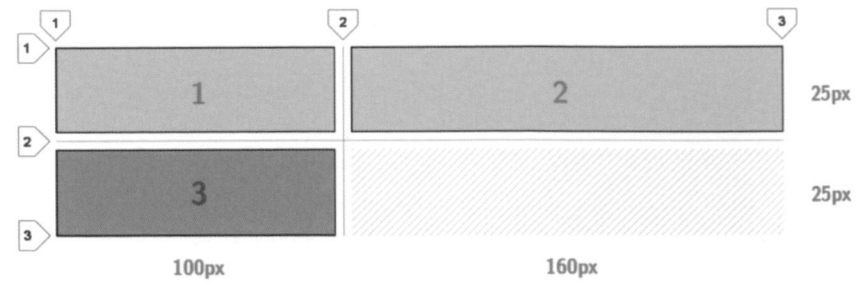

圖 221 │ 在此範例中，我們為項目 3 加上了隱式的佔位空間。但是由於沒有項目 4，最後一個佔位空間未被佔用，因而使得網格不平衡。

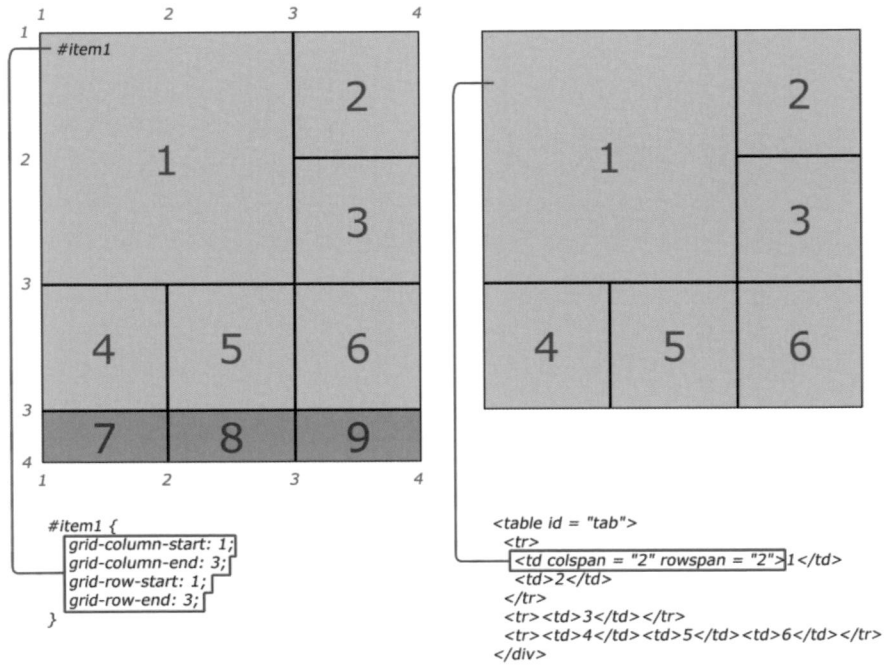

```
#item1 {
  grid-column-start: 1;
  grid-column-end: 3;
  grid-row-start: 1;
  grid-row-end: 3;
}
```

```
<table id = "tab">
  <tr>
    <td colspan = "2" rowspan = "2">1</td>
    <td>2</td>
  </tr>
  <tr><td>3</td></tr>
  <tr><td>4</td><td>5</td><td>6</td></tr>
</div>
```

圖 222 │ 切勿將 CSS 網格比照表格來使用。不過有趣的是，CSS 網格從 HTML 表格繼承了一些設計。事實上，仔細分析下來，它們有驚人的相似性。左側是網格版面，在此，grid-column-start、grid-column-end、grid-row-start 和 grid-row-end 提供了與表格之 colspan 和 rowpan 相同的功能。兩者的區別在於 CSS 網格使用了間距空間來確定跨度區域。稍後你還會看到一個快捷方式。留意一下，在這裡，項目 7、8 和 9 是隱式加上的，因為項目 1 在網格上佔據的跨度，已將 3 個項目推到原始網格模版之外。表格不會有這樣的行為。

21.4 grid-auto-rows

grid-auto-rows 屬性告訴 CSS 網格要給自動（隱式建立）列一個特定高度。是的，它們可以設為其他的值！

我們可以要求 CSS 網格為超出預設定義的所有隱式列指定特定的高度，而非承襲 grid-template-rows。

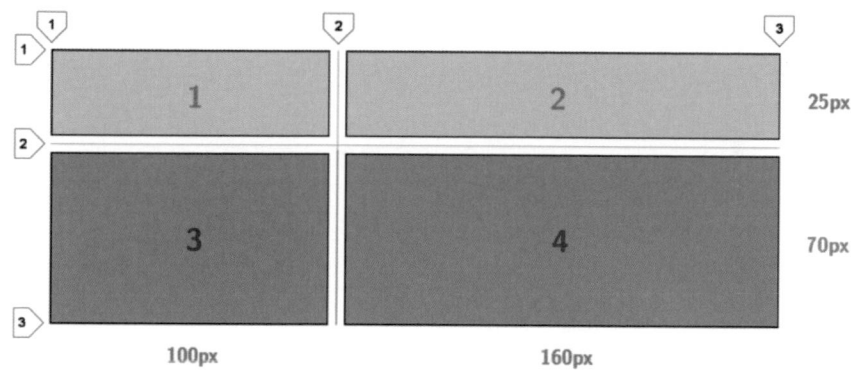

圖 223 ｜ 隱式列高是由 grid-auto-rows 決定。

當然，別忘了，你仍然可以自己明確地設定所有值，如下面的範例所示：

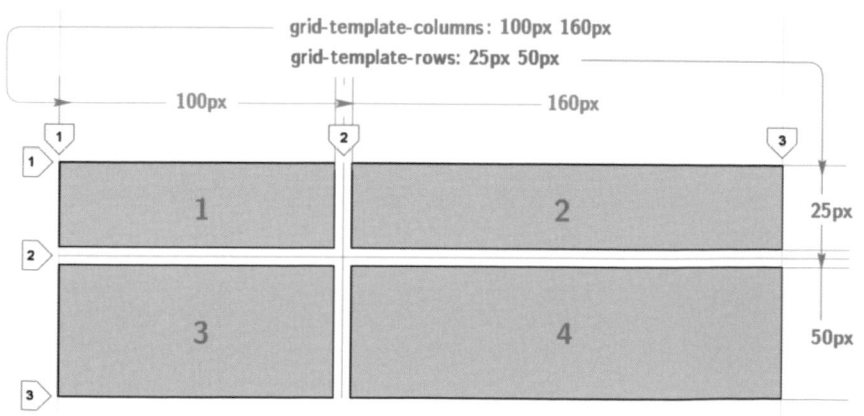

圖 224 ｜ 明確指定所有列和列的尺寸。

某種程度上，CSS 網格的 `grid-auto-flow:column` 邀請了
類似 Flex 的功能：

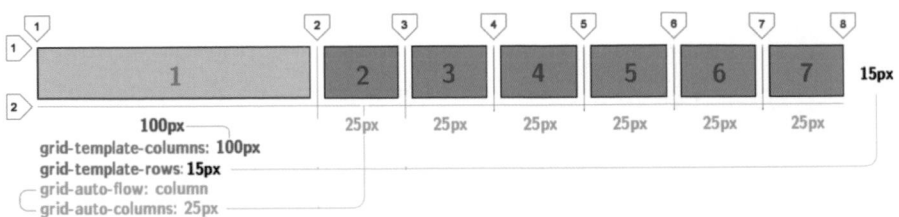

圖 225 ｜透過覆蓋 CSS 網格之 `grid-auto-flow` 屬性的預設值（先列後
欄），你可以讓 CSS 網格的行為類似於 Flex。留意一下，在此範例中，我
們也使用了 `grid-auto-columns:25px` 來確定連續欄的寬度。這與前面其
中一個範例的 `grid-auto-rows` 的運作方式相同，只是這次項目是水平延
伸的。

21.5 　自動欄格寬度

CSS 網格非常適合製作傳統的網站版面配置，兩側各有一
個較小的欄。有一個簡單的方法可以做到，只需在 `grid-
template-column` 屬性中，將其中一個寬度設為 auto：

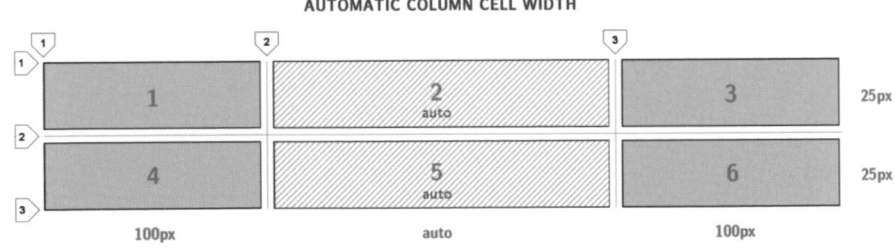

圖 226 ｜這就是 `grid-template-columns: 100px auto 100px` 的效果。

你的網格將跨越容器或瀏覽器的整個寬度。

如你所見，CSS 網格提供了多種屬性，可幫助你在網站或
應用軟體版面上發揮創意！我真的很喜歡它到目前為止的
進展。

21.6　間距

間距又來了！

我們已經討論過間距。我們討論的大部分都是關於間距如何
佔據欄和列之間的空間。但是還沒有討論過如何改變它們。

接下來的圖表將提供有關「間距如何改變 CSS 網格外觀」
的直覺線索。

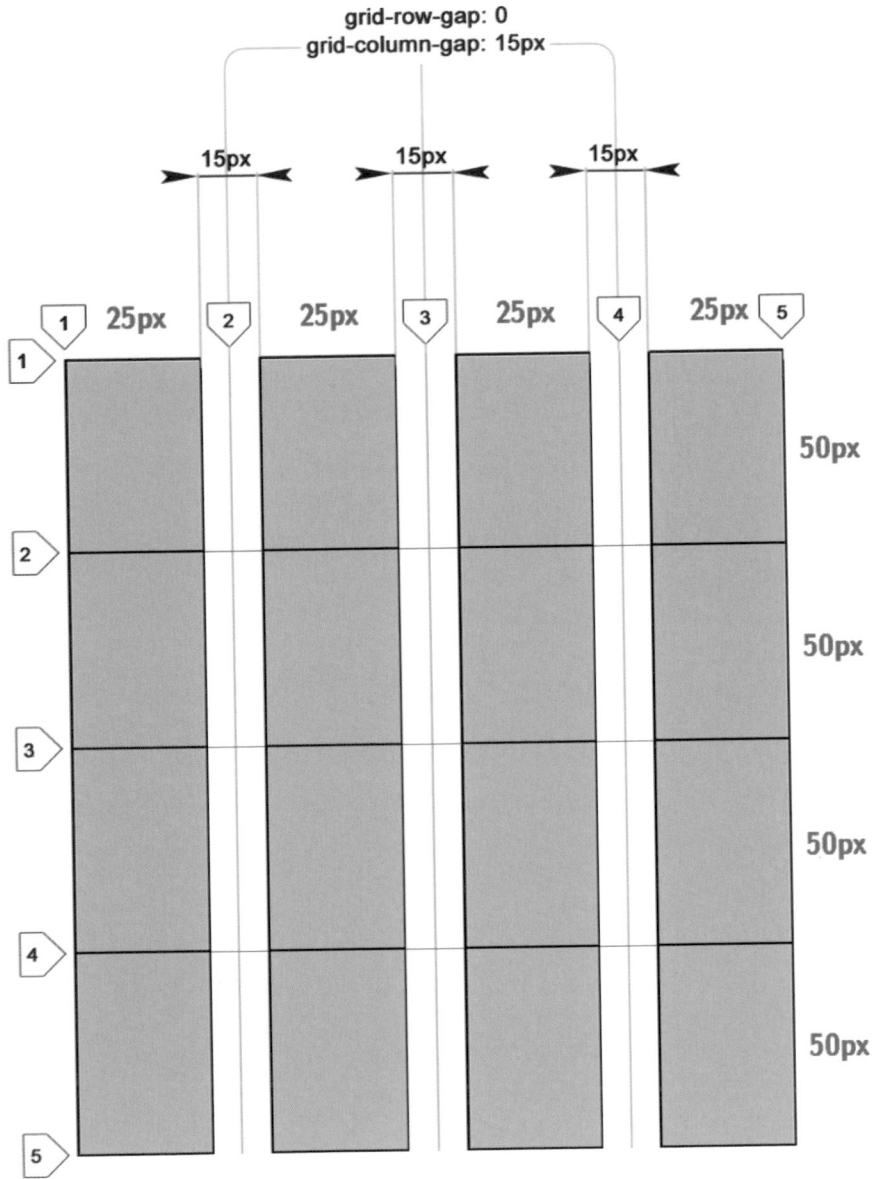

圖 227 ｜ CSS 網格有個屬性叫 grid-column-gap，用來指定 CSS 網格中所有欄之間大小相等的垂直間距。

我刻意將水平間距維持在預設值 0，因為在此範例中我們不討論水平間距。

我可以想像使用上述設定來做出類似 Pinterest 的多欄設計。

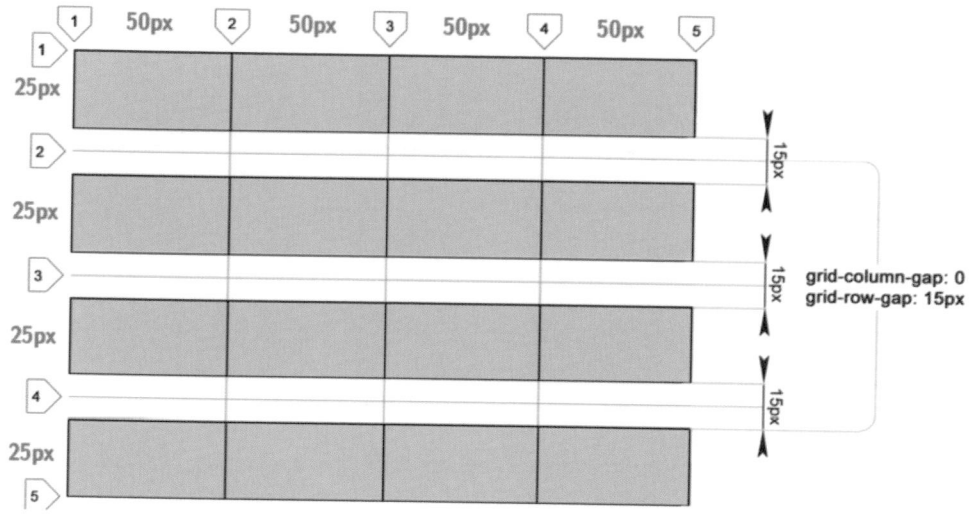

圖 228 ｜同樣的，使用 `grid-row-gap` 屬性，我們可以為整個網格設定水平間距。

這是同一件事，只不過換成水平間距而已。

使用 grid-gap 屬性，我們可以同時在兩個維度上設定間距：

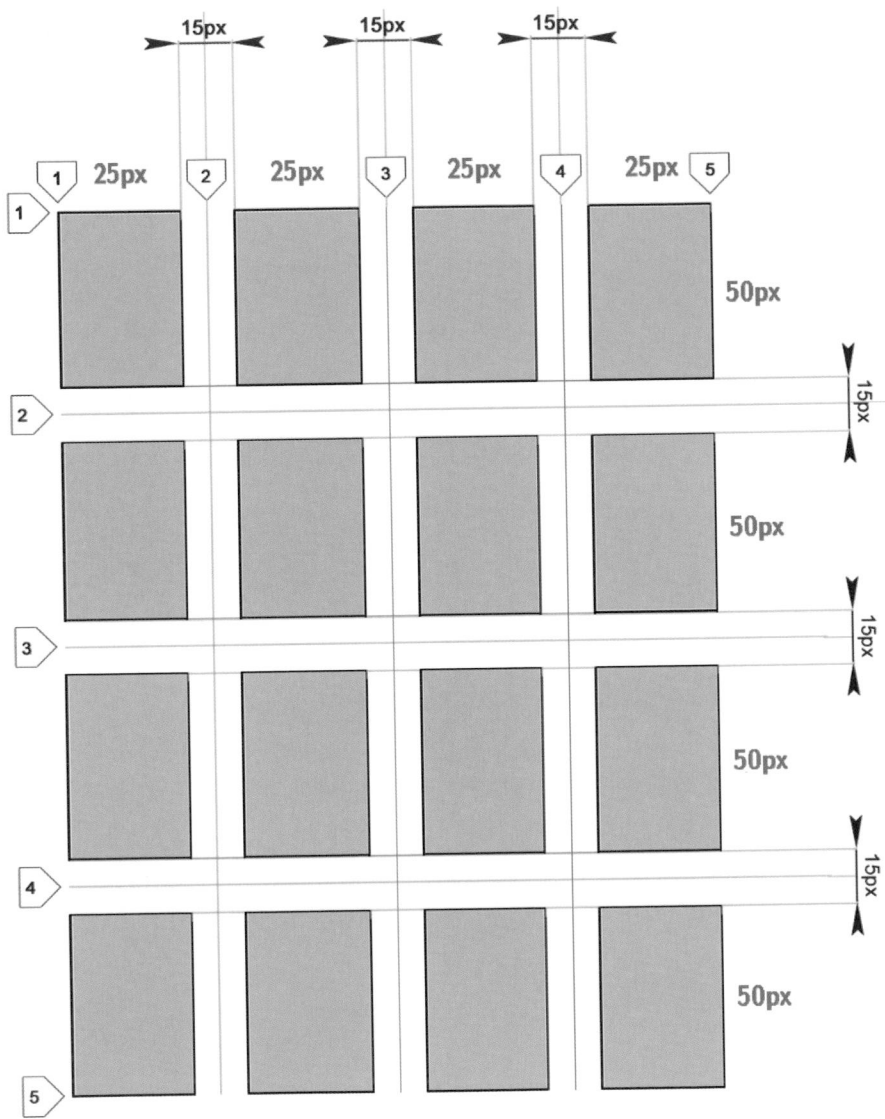

圖 229 │ 你可以使用速記屬性 grid-gap 設定整個 CSS 網格上的間距。但
這代表兩個維度的間距將是相同的值。在此範例中為 15px。

最後，你可以分別為這兩個維度設定間距。

接下來的 3 個圖表展示了使用 CSS 網格的各種可能性，它們在各種情況下都非常實用。

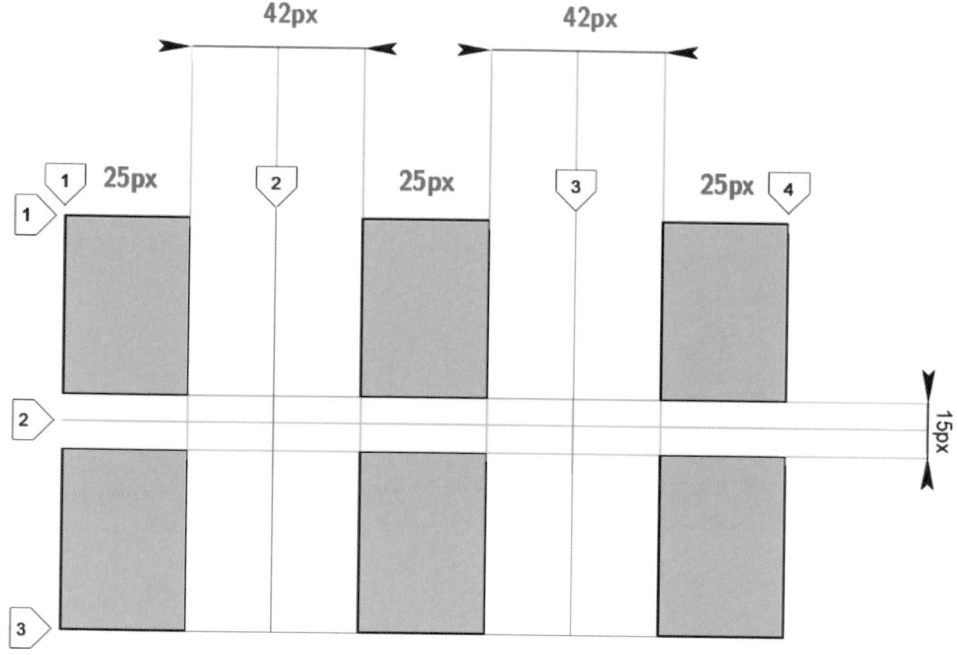

圖 230 ｜此處我為每列和每欄分別設定間距，以做出不同的欄設計。此範例使用了寬的欄間距。你也許可以使用此配置來製作寬螢幕版面的影像藝廊。

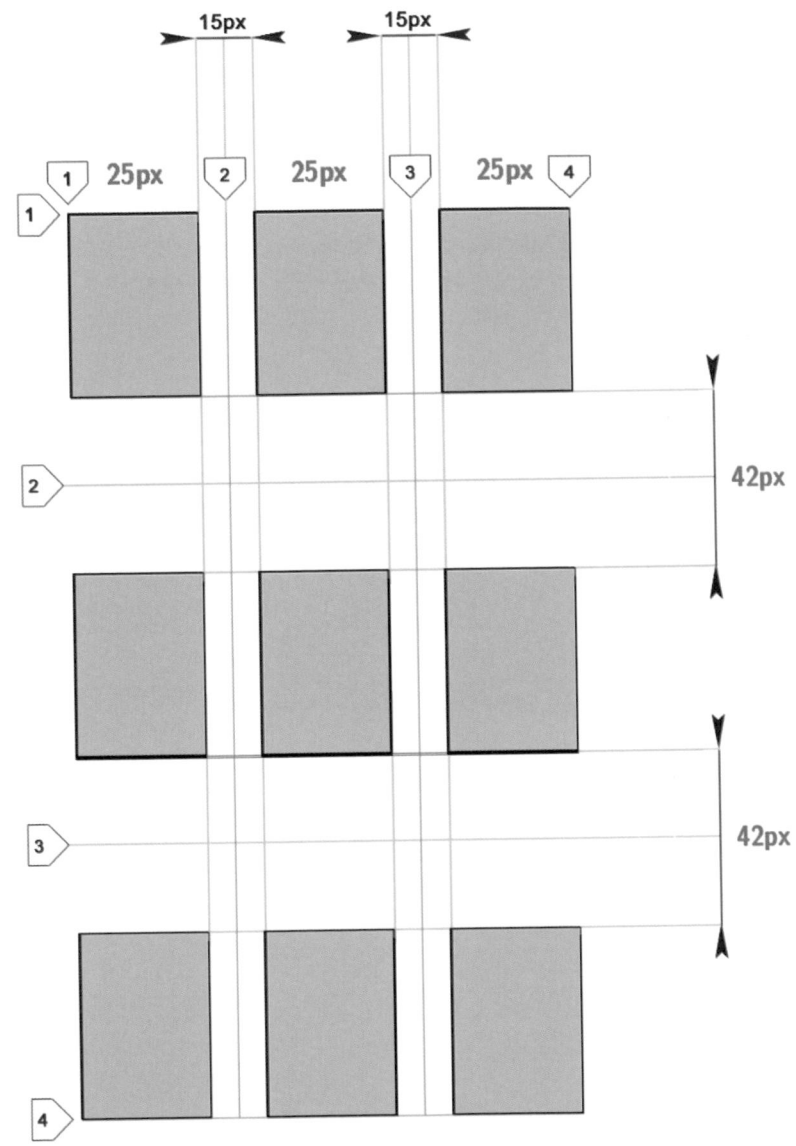

圖 231 │ 這與前面的範例相同，只是列間距更寬了。

我比較失望的一點是它不支援同一維度上的不同間距尺寸。
我認為這是 CSS 網格最令人止步的局限性。我希望這一點
將來能夠解決。

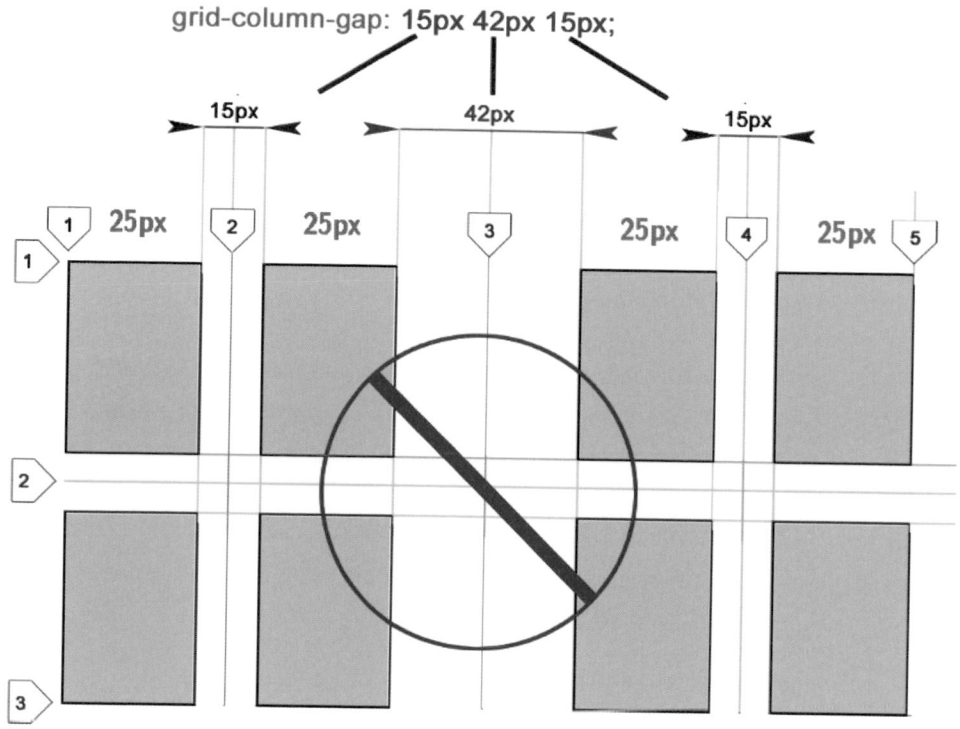

圖 232 ｜ 這個版面配置無法使用 CSS 網格來做。截至目前為止（2018 年 6 月 2 日）使用 CSS 網格無法做出多種間距尺寸。

21.7 fr —— 分數單位 —— 用來有效地確定剩餘空間

在 CSS 語言中，較新的功能是 *fr* 單位。

fr 單位可用在 CSS 網格以外，但是與網格結合使用時，它們在製作未知螢幕解析度的版面上有神奇的效果…並且保留了比例而無需考慮百分比。

fr 單位類似於 CSS 中的百分比值（25%、50%、100% 等），但用的是分數值（0.25、0.5、1.0..）來表示。

不過，*1fr* 並不總是 100%。*fr* 單元會自動解剖剩餘空間。示範 fr 此功能的最簡單方法是透過下面的圖表。

以下是使用 *fr* 單位的基本範例：

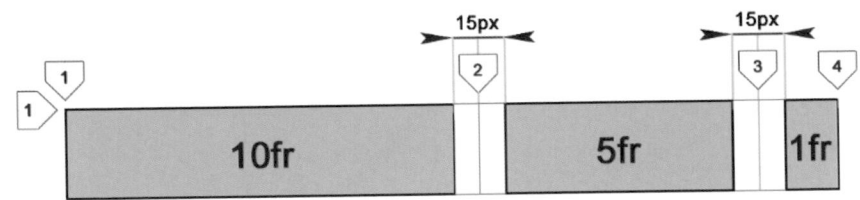

圖 233 ｜使用 fr 單位的範例。

對直覺性的設計師而言，這是個好消息。

不管 *10fr* 佔用多少空間，*1fr* 就是 *10fr* 的 1/10。

一切都是相對的。

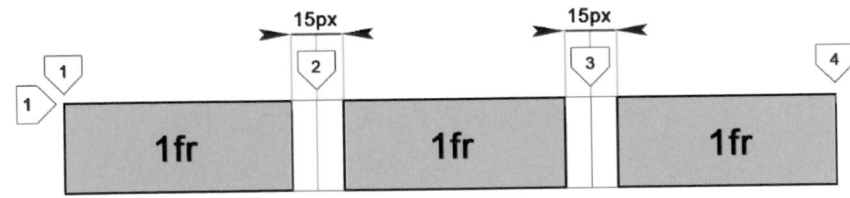

圖 234 ｜使用 1fr 來定義 3 個欄，將產生等寬的欄。

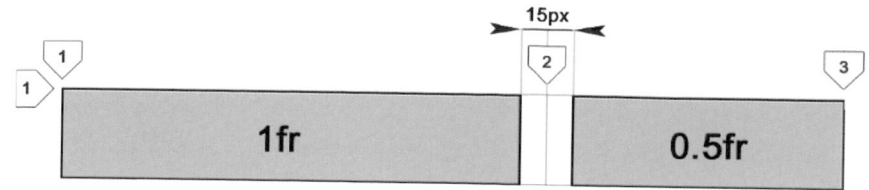

圖 235｜你也可以使用分數。

對於 *1fr* 而言，*0.5fr* 恰好是 *1fr* 的一半。

這些值是相對於父容器來計算的。

百分比值與 *1fr* 可以混合使用嗎？當然可以！

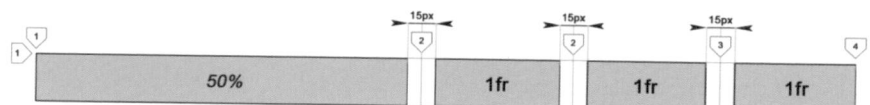

圖 236｜此處的範例示範了 % 單位與 tr 單位的混合。此結果是很直覺的，會產生你所期望的效果。

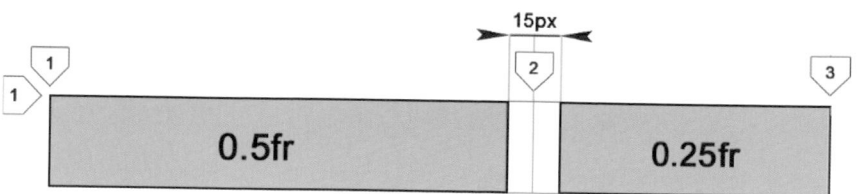

圖 237｜在某些父容器中，分數的 fr 單位是相對於自身而言。

21.8 使用分數單位

分數單位（或稱 fr 單位）會將版面分割為相等和相對的部分。如下圖所示，1fr 不是像 px 或 em 這樣的特定單位，而是相對於剩餘的空白空間。

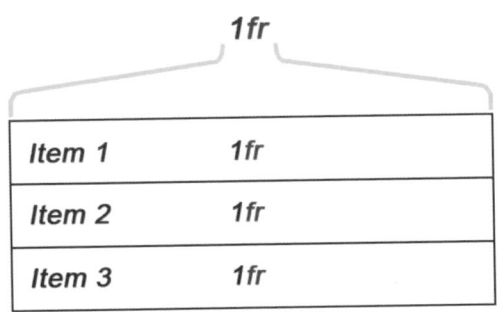

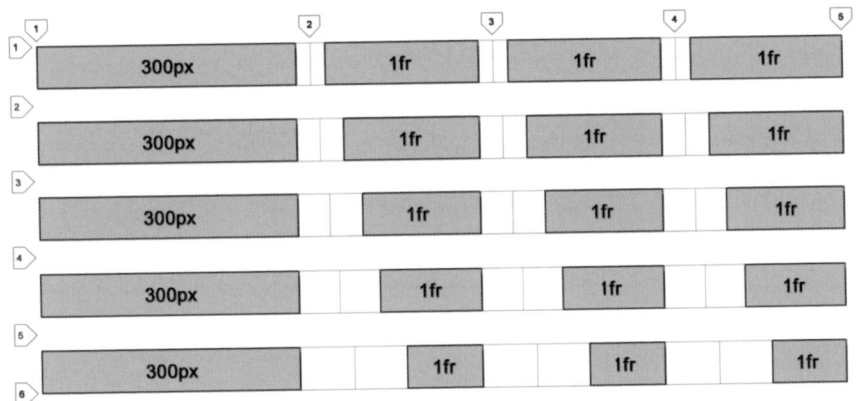

圖 238 ｜使用 1fr 單位並提高欄間距，將產生此結果。我將此圖表收錄進來，以示範 1fr 單位也會受到間距的影響。我這裡使用了 5 個不同的 CSS 網格，示範在使用 1fr 單位進行設計時，我們還應該留意這些間距。

grid-template-columns:

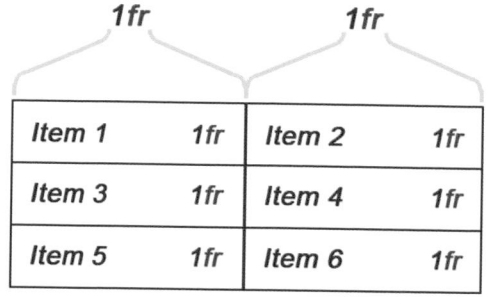

	1fr		1fr
Item 1	1fr	Item 2	1fr
Item 3	1fr	Item 4	1fr
Item 5	1fr	Item 6	1fr

50%   *50%*

grid-template-columns:

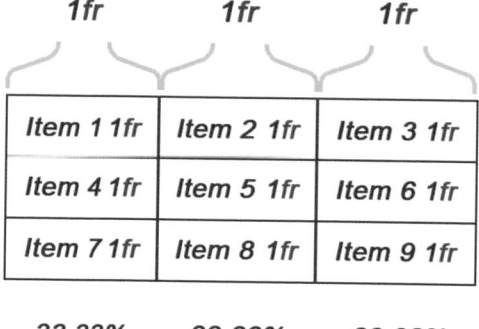

	1fr		1fr		1fr
Item 1 1fr		Item 2 1fr		Item 3 1fr	
Item 4 1fr		Item 5 1fr		Item 6 1fr	
Item 7 1fr		Item 8 1fr		Item 9 1fr	

33.33%   *33.33%*   *33.33%*

grid-template-columns: 1fr 10fr

1fr	10fr
1fr	10fr

*10fr = 1fr * 10*

grid-template-columns: 1fr 2fr 3fr

1fr	2fr	3fr
1fr	2fr	3fr

1fr   1fr   1fr   1fr   1fr   1fr

22 分數單位和間距

間距會影響分數單位，因為每次加入以 fr 為單位的新欄時，我們也得從元素的剩餘空間中減去間距。

grid-template-column: 1fr 1fr 1fr

1fr	1fr	1fr
1fr	1fr	1fr

grid-column-gap: 0px

1fr	1fr	1fr
1fr	1fr	1fr

grid-column-gap: 10px

1fr	1fr	1fr
1fr	1fr	1fr

grid-column-gap: 20px

1fr	1fr	1fr
1fr	1fr	1fr

grid-column-gap: 50px

grid-column-gap: 100px

grid-template-column: 1fr 1fr 1fr

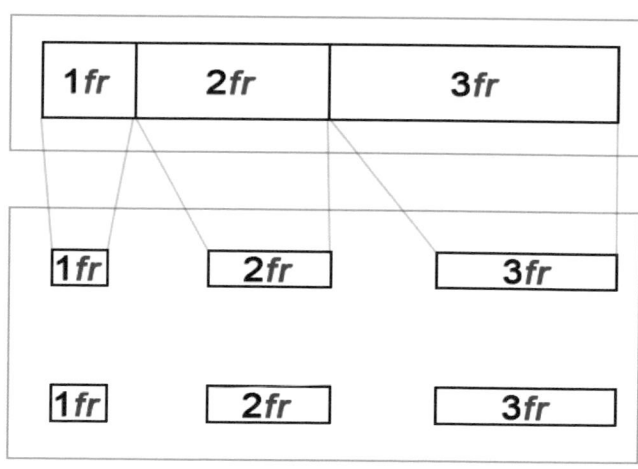

grid-column-gap: 50px;
grid-row-gap: 50px;

grid-column-gap: 50px;
grid-row-gap: 50px;

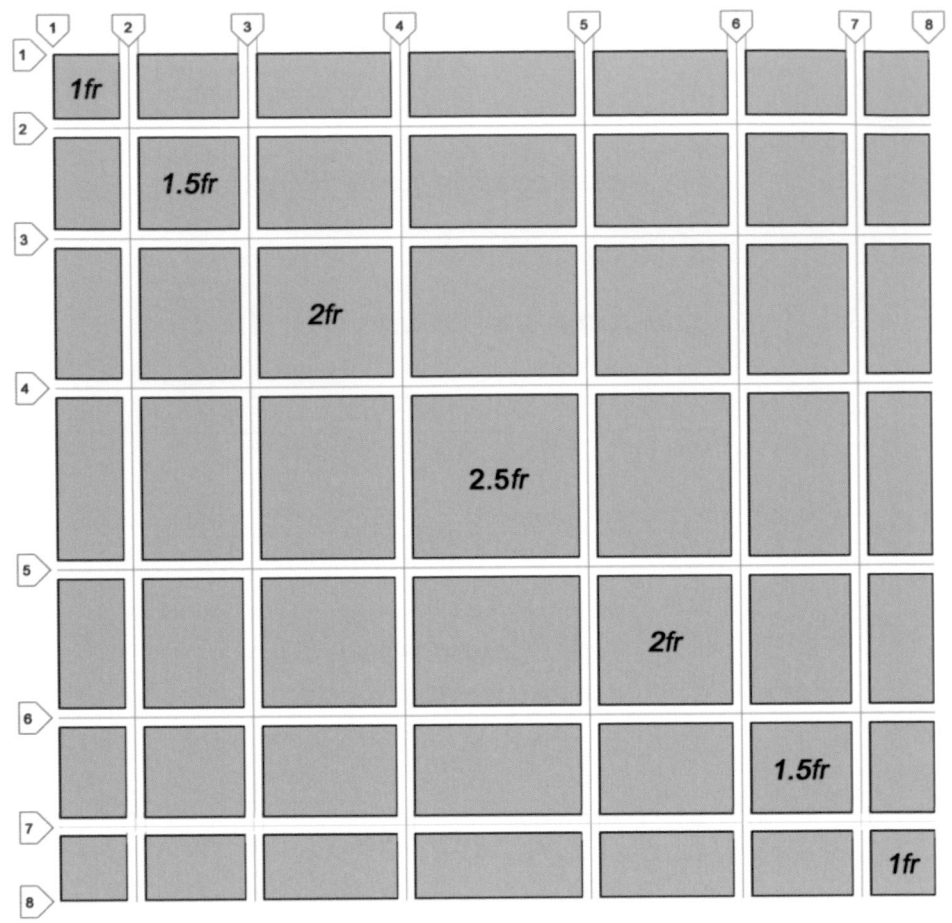

grid-template-rows: 1fr 1.5fr 2.0fr 2.5fr 2.0fr 1.5fr 1fr;
grid-template-columns: 1fr 1.5fr 2.0fr 2.5fr 2.0fr 1.5fr 1fr;

圖 239 ｜ 為了完全理解 fr 單位，你可以使用它們來建立類似這樣的版面。雖然我不知道這樣巨大的版面配置會有什麼用處，但它清楚地展示了 fr 單位如何影響到列和欄。

162

22.1 重複值

CSS 網格允許重複的屬性值。repeat 屬性有兩個值：重複次數和重複對象。

repeat(次數 , ... 對象);

它的基本原理是：

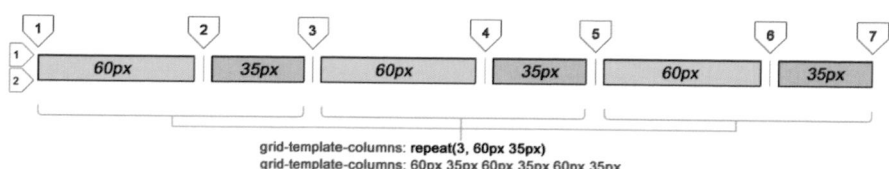

圖 240 │ 這裡我們使用重複和不重複的 `grid-template-columns` 來產生完全相同的效果。選擇最短路徑通常是明智的。

在這裡，我們為 grid-template-columns 提供兩個不同的值以產生相同的效果。顯然的，repeat 在這裡省了很多麻煩。

最終結論：在網格必須包含重複尺寸值的情況下，為了避免冗長，請使用 repeat 作為替代措施。repeat 屬性也可以夾在其他值之間。

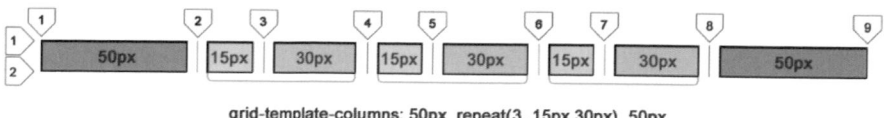

圖 241 │ `grid-template-columns: 50px repeat(3, 15px 30px) 50px`

在此範例中，我們連續重複兩欄 15px 30px 共 3 次。

22.2　spans

用 CSS 網格 span，你可以將項目延伸到多列或多欄。它很像 `<table>` 中的 `rowpan` 和 `colspan`。

我們要使用 repeat 來製作一個網格，以避免多餘的值。但是不用 repeat 也是可以的。總之，讓我們將用它來當作本單元的樣本。

當我們將 `grid-column:span　3` 加上到項目 #4 時，出現了某種出乎意料的結果： 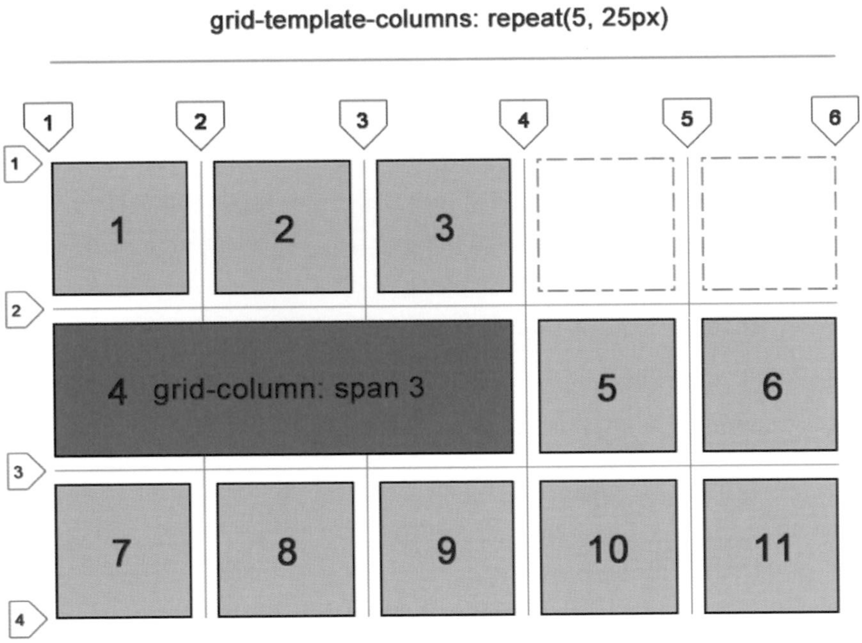

圖 242｜使用 `grid-column:span` 來佔據 3 欄。但是 CSS 網格決定刪除某些項目，因為預定區域無法容納「被延伸」的項目。看看那些空白方塊！

在 CSS 網格中，span 也可以用來跨越多列。如果因此欄的高度大於網格本身的高度，則 CSS 網格會自動調整如下：

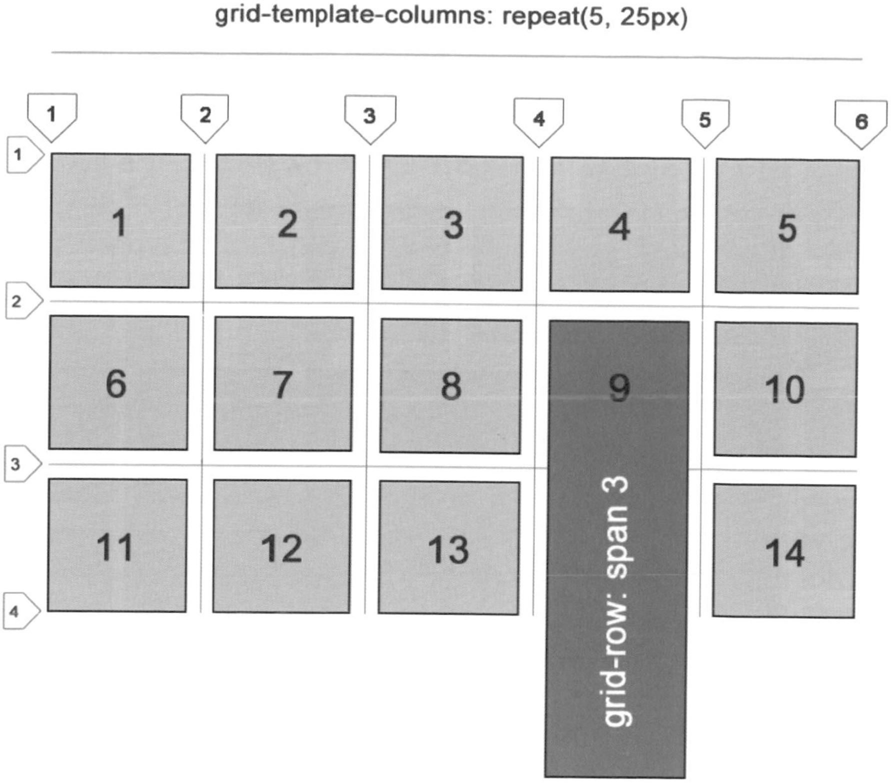

圖 243 ｜ 在某些項目超出網格父容器的情況下，CSS 網格會自動調整。

綜合以上，請記住 ...

「音樂不在音符中，而在寂靜之間。」
—— 沃夫岡・阿瑪迪斯・莫札特

CSS 網格似乎也是如此。很多其他事物都是！

我花了將近 8 週的時間繪製圖表，以便呈現幾乎所有 CSS 網格可以完成的結果。你剛剛已經全部看完了（希望你也從中學到了東西）。

當然，我也可能漏掉了少許內容。要記錄下所有可能的情況是不可能的。若讀者之間有人能夠指出我的遺漏之處，讓本書的未來版本能夠收錄更多實用的範例，我會很開心的。

23 動畫

對於物理位置、尺寸、角度或顏色可以改變的 CSS 屬性，你都可以製作動畫。使用關鍵影格就可輕鬆做出基本動畫。

CSS 動畫的關鍵影格是使用 @keyframes 指令來指定的。關鍵影格指的是元素在動畫時間軸上單個點的狀態。

CSS 動畫引擎會自動在動畫的關鍵影格之間進行插值（interpolate）。你需要做的就是在動畫的起點和終點指定 CSS 屬性的狀態。

一旦所有關鍵影格位置（通常以百分比指定）都設定好了，我們要做的就是設定原始元素的預設值。

接著使用 @keyframes *animationName* {...} 格式來製作一個已命名動畫，將所有關鍵影格儲存起來。我們接下來就會介紹！

最後要建立一個特殊的 class 來定義動畫的持續時間、方向、可重複性和緩動（*ease*）類型 ...，並將它連結到 @keyframes 指令所使用的同一個動畫名稱。

下一頁將有視覺化的流程解說。

23.2   animation-name

包含字母和數字的動畫名稱：

```
001 | .animationClass {
002 |     animation-name: animationName;
003 |     animation-fill-mode: normal;
004 |     animation: normal 3000ms ease-in;
005 | }
```

動畫名稱必須引用 @keyframes 指令所指定的名稱：

```
001 | @keyframes animationName {
002 |     0% { }
003 |     100% { }
004 | }
```

23.3   animation-duration

你通常要預先計劃好動畫的長度。

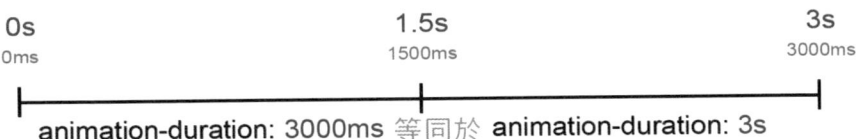

圖 261 ｜如果你需要更高的精度，指定持續時間時可以用秒或毫秒為單位。例如 3000ms 等於 3s 相同，而 1500ms 等於 1.5s。

23.4 animation-delay

如果你不要動畫馬上開始播放，可以加上延遲。

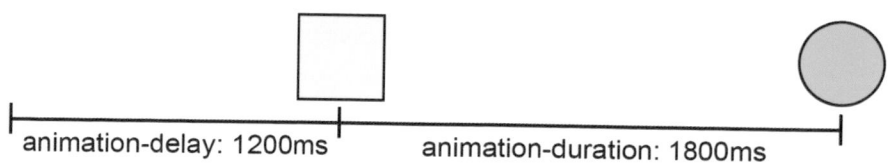

圖 262 ｜你可以在開始播放動畫之前，指派一個以毫秒為單位的延遲。

23.5 animation-direction

你可以指派以下四個值給 animation-direction 屬性：

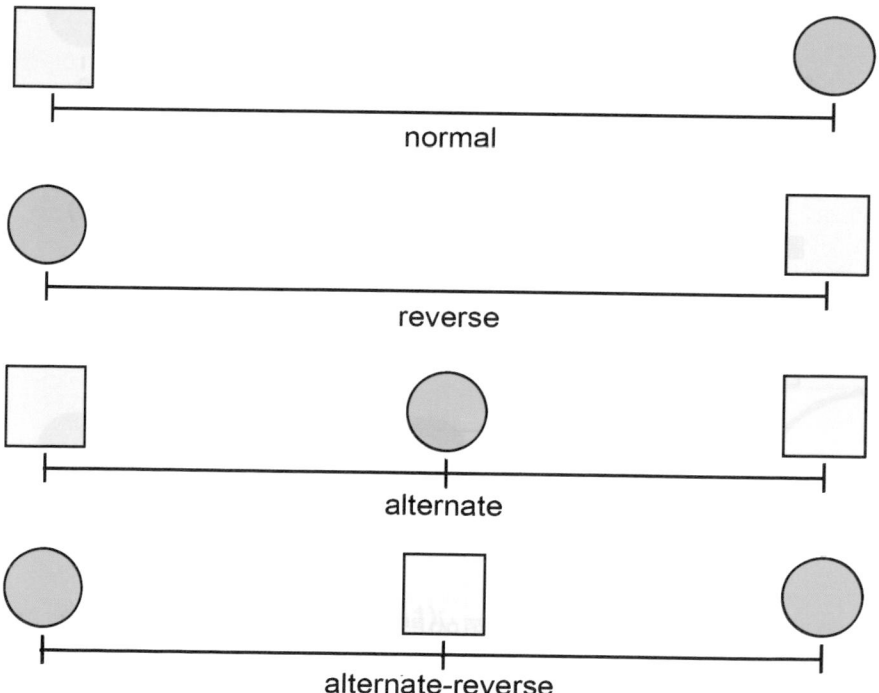

圖 263 ｜ normal（正常）、reverse（反轉）、alternate（交錯）和 alternate-reverse;（交錯反轉）值以及它們的效果。

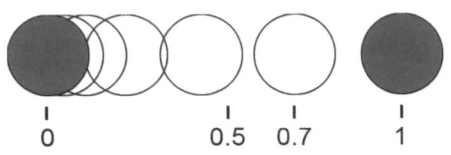

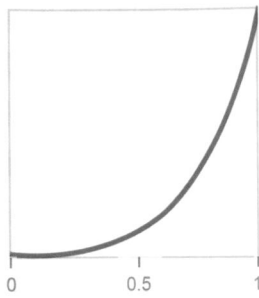

ease-in
cubic-bezier(0.42, 0, 1, 1);
使用緩慢的起點來指定一個轉換效果。

圖 269 ┃ `animation-timing-function: ease-in;`

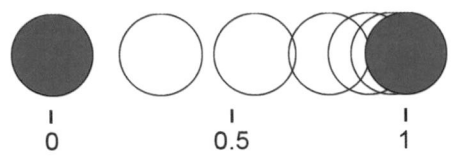

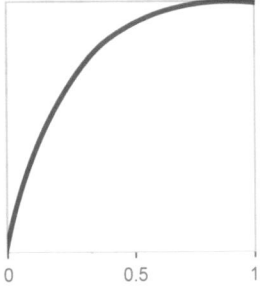

ease-out
cubic-bezier(0, 0, 0.58, 1);
一開始快速，越往結尾越緩慢。

圖 270 ┃ `animation-timing-function: ease-out;`

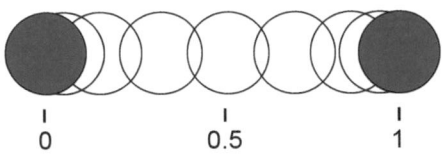

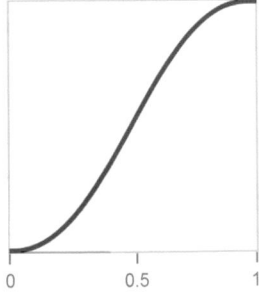

ease-in-out
cubic-bezier(0.42, 0, 0.58, 1);
指定一個緩慢開始和緩慢結束的轉換效果。

圖 271 ┃ `animation-timing-function: ease-in-out;`

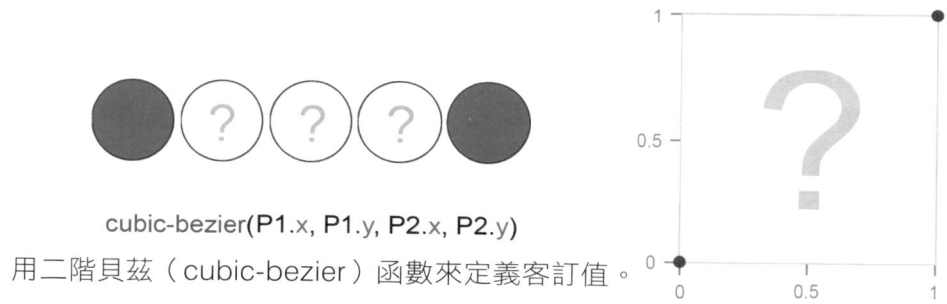

cubic-bezier(P1.x, P1.y, P2.x, P2.y)
用二階貝茲（cubic-bezier）函數來定義客訂值。

圖 272 ｜你可以製作自己的二階貝茲曲線。

所以它是如何運作的呢？

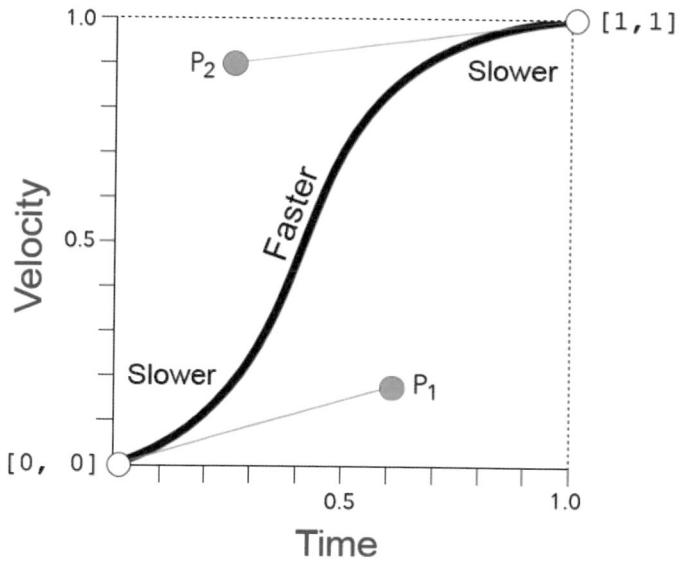

圖 273 ｜兩個控制點 P1 和 P2 會傳給二階貝茲函數作為參數。值的範圍在 0.0 到 1.0 之間。

23.9　animation-play-state

animation-play-state 屬性會指定動畫要運行還是暫停。

可能的值：

Paused

動畫已暫停。

running

動畫正在運行

舉例來說，你可以在 mouse hover 時暫停動畫：

```
001  div:hover {
002      animation-play-state: paused;
003  }
```

24 正向和逆向運動學

CSS 對於逆向運動學（Inverse Kinematics）並沒有開箱即用的支援。不過，透過 `transform:rotation`（`degree`）和 `transform-origin` 屬性來指定父元素和子元素之間的樞軸點，我們可以模擬出它的效果。

正向（Forward）和逆向運動學指的是將旋轉角度平移到以樞軸點彼此相連的多個物件上。運動學通常用來模擬電子遊戲中的物理動作。但我們也可以使用相同原理來讓 2D 角色產生動作。

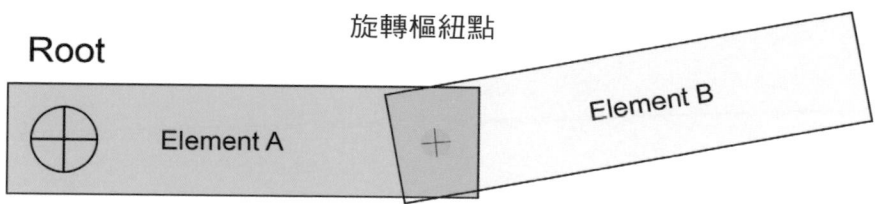

圖 274 ｜ Root 點是主元素連接到另一個父元素或一個空間之虛構靜態點的位置。如果元素 A 移動，則必然會影響元素 B，因為它們在「旋轉樞軸點」處彼此相連。這代表它要使用三角公式來計算各種角度和長度。我們可以使用 JavaScript 或使用現有的向量／三角函式庫來達成。不過幸運的是，CSS 已經透過原生的 `transform-origin` 屬性為這些類型的元素動力學提供了支援。

「**正向運動學**」是當元素 **A** 移動時，**元素 B** 的運動也會受到影響（就像連鎖反應一樣），就好像它們在一個共享的樞軸點處彼此連接一樣。

「逆向運動學」則是相反的：元素 B 的物理運動會影響元素 A，前提是元素 B 連接到某個靜態點或另一個父元素。如果沒有的話，這兩個元素可能會在空間中漂浮：)

這很像動畫角色中的關節！

25 Sassy CSS / SCSS 手冊

在本章中，我們將從簡單的 SCSS 原則開始介紹，並以它們為基礎來發展高級指令。要使用 CSS 建立第一個 *for-loop* 之後，你才能真正理解 Sassy CSS 的強大之處。

你甚至可以完全使用 Sass / SCSS 語法編寫自己的正弦和餘弦（三角函數）。

我們知道它們取決於 PI 的植。沒問題！ Sass 變數也可以儲存浮點數：$PI: 3.14159265359;

為什麼想這麼做？令人意外的是，在製作自己的動畫 UI 元素時，了解三角函數（即使是最基礎的知識）也會有巨大的幫助，尤其是動畫或旋轉的部分。

我們稍候會再做介紹。這個單元是為了幫助你熟悉 Sass/SCSS 的最重要部分。讓我們開始吧！

25.1　新語法

SCSS 並沒有為 CSS 語言加上任何新功能，只是加入了新語法，這在許多情況下可以縮短編寫 CSS 程式碼的時間。

在本章中，我們將探討 Sassy CSS 帶來的 CSS 新增語法。

這不是完整的 Sass / SCSS 手冊。但是若想要運用 Sass 的主要優勢，你並不需要了解有關 Sass 的一切。只要知道它的關鍵點即可。在本章的接下來單元中會就這些進行探討。

在某些情況下，SCSS 和 Sass 可以互換使用，儘管語法略有不同。不過我們首先要將焦點放在 SCSS 上。

所有的 Sass / SCSS 程式碼都可以編譯回標準 CSS，讓瀏覽器可以理解並呈現結果。（瀏覽器目前並不直接支援 Sass / SCSS 或任何其他 CSS 預處理器。）

25.2　先決條件

CSS 預處理器為 CSS 語言的語法加上了新功能。

CSS 預處理器有五種：**Sass**、**SCSS**、**Less**、**Stylus** 和 **PostCSS**。

本章只介紹 SCSS，它與 Sass 類似。但是你可以在 `www.sass-lang.com` 網站上進一步了解 Sass。

SASS（.sass）──Syntctically Awesome Style Sheets（語法上很棒的樣式表）。

SCSS（.scss）──Sassy Cascading Style Sheets（自信的層級樣式表）。

副檔名 .sass 和 .scss 類似但並不相同。若你是 command line 愛好者，你可以將 .sass 轉換為 .scss，反之亦然：

code examples/sass/sass-convert.png

```
001 # Convert Sass to SCSS
002 $ sass-convert style.sass style.scss
003
004 # Convert SCSS to Sass
005 $ sass-convert style.scss style.sass
```

圖 275 ｜使用 Sass 的預處理程序指令 sass-convert 在 .scss 和 .sass 格式之間轉換檔案。

SASS 是 Sassy CSS 的第一個規範，副檔名為 .sass。它的開發始於 2006 年。但是後來又有另一種副檔名為 .scss 的替代語法被開發出來，部分開發人員認為它是更好的語法。

目前，無論你使用哪種 Sass 語法或副檔名，任何瀏覽器對 Sassy CSS 都沒有開箱即用的支援。但是你可以在 codepen.io 上公開試驗 5 個預處理器中的任何一個。除此之外，你還必須在網路伺服器上安裝一個喜歡的 CSS 預處理器。

本章的宗旨是幫助你熟悉 SCSS。其他預處理器都有相似的功能，但是語法可能不同。

25.3　超集

Sassy CSS 的任何表現形式都是 CSS 語言的超集。這代表，在 CSS 中可用的所有內容都會在 Sass 或 SCSS 中起作用。

25.4　變數

Sass ／ SCSS 允許你使用變數。它們與我們在本書前面看到的以雙短槓（`--var-color`）開頭的 CSS 變數不同。相反的，它們以美元符號 `$` 做開頭：

code examples/sass/sass-variables.png

```
001 $number: 1;
002 $color: #FF0000;
003 $text: "Piece of string."
004 $text: "Another string." !default;
005 $nothing: null;
```

圖 276 ｜基本變數定義。

你可以嘗試蓋過變數名。如果將 `!default` 附加到變數的重新定義之後，而且此變數已經存在，那麼它就不會再重新做指派。

換句話說，此範例中變數 `$ text` 的最終值依然還是「*Piece of string*」。

第二次的指派「*Another string*」會被被忽略，因為預設值已經存在。

code examples/sass/sass-container.png

```
001 #container {
002     content: $text;
003 }
```

圖 277 ｜你可以指派 Sass 變數給任何 CSS 屬性。

25.5 內嵌規則

在標準 CSS 下，內嵌元素是經過空格字元來存取的。

code examples/sass/sass-0-standard-css.png

```
001 | /* Standard CSS */
002 | #A {
003 |     color: red;
004 | }
005 |
006 | #A #B {
007 |     color: green;
008 | }
009 |
010 | #A #B #C p {
011 |     color: blue;
012 | }
```

圖 278 │ 標準 CSS 下的內嵌。

上述的原始碼可以用 Sassy 的內嵌規則表示如下：

code examples/sass/sass-1-nested-rules.png

```
001 | /* Nested Rules */
002 | #A {
003 |     color: red;
004 |     #B {
005 |         color: green;
006 |         #C p {
007 |             color: blue;
008 |         }
009 |     }
010 | }
```

圖 279 │ 內嵌規則。

如你所見，這個語法看起來更簡潔，且重複性低。

它對管理複雜的版面特別實用。這樣一來，編寫內嵌 CSS 屬性的程式碼對齊方式，與應用軟體版面配置的實際結構就會很相符。

在幕後，預處理器仍然會將它編譯成標準 CSS（如上所示）程式碼，以便在瀏覽器中呈現。我們只是改變了編寫 CSS 的方式。

25.6 & 字元

Sassy CSS 加上了 & 字元指令。

我們來看看它是如何運作的！

code examples/sass/mixin-and-character.png

```
001  #P {
002      color: black;
003      a {
004          font-weight: bold;
005          &:hover {
006              color: red;
007          }
008      }
009  }
```

圖 280 │ 第 5 列中的 & 字元是用來指定 &:hover，並在編譯後轉換為父元素（a）的名稱。

code examples/sass/mixin-and-character-compiled.png

```
#P { color: black; }
#P a { font-weight: bold; }
#P a:hover { color: red; } // & was compiled to a (parent)
```

圖 281 │ & 字元直接轉換成父元素的名稱，在這種情況下變成了 a:hover。

202

25.7 Mixins

Mixin 是由 `@mixin` 指令定義的。

讓我們來建立第一個 `@mixin`，以定義預設的 Flex 行為：

code examples/sass/mixin-1-flex.png

```
001 @mixin flexible() {
002     display: flex;
003     justify-content: center;
004     align-items: center;
005 }
006
007 .centered-elements {
008     @include flexible();
009     border: 1px solid gray;
010 }
```

圖 282｜現在當你每次將 `.centered-elements` 的 class 套用至 HTML 元素時，它就會變成 Flexbox。 mixins 的主要優點之一是可以與其他 CSS 屬性併用。在這裡除了 mixin 之外，我還加了 `border:1px solid gray;` 到 `.centered-elements` 上。

你甚至可以將參數傳遞給 `@mixin`，就如同它是一個函數一樣，然後將它們指派給 CSS 屬性。我們將在下個單元中做介紹。

25.8　多個瀏覽器範例

有些實驗性功能（例如以 `-webkit` 為基礎）或 Firefox
（以 `-moz` 為基礎）僅在它們出現的瀏覽器中才有效果。

Mixins 可以在一個 class 中定義特定於瀏覽器的 CSS 屬性。

舉例來說，如果你需要在 Webkit 的瀏覽器以及其他瀏覽器
中旋轉一個元素，你就可以建立下列這個帶具有 `$degree` 參
數的 mixin：

code examples/sass/mixin-3-rotate.png

```
001  @mixin rotate($degree) {
002      -webkit-transform: rotate($degree);  // Webkit-based
003      -moz-transform: rotate($degree);     // Firefox
004      -ms-transform: rotate($degree);      // Internet Explorer
005      -o-transform: rotate($degree);       // Opera
006      transform: rotate($degree);          // Standard CSS
007  }
```

圖 283 ｜無論瀏覽器為何都能運行無誤的 `@mixin` 指定了旋轉角度。

現在，我們要做的就是在我們的 CSS class 定義中
`@include` 這個 mixin：

code examples/sass/mixin-4.png

```
001  .rotate-element {
002      @include rotate(45deg);
003  }
```

圖 284 ｜依據所有瀏覽器進行旋轉。

25.9　算術運算子

和標準 CSS 語法類似，你可以對值進行加、減、乘和除，而不必使用經典 CSS 語法中的 `calc()` 函數（請參閱前面的章節，了解如何使用 `calc()` 函數來做加數）。

但是，有一些非顯而易見的情況可能會產生錯誤。

25.9.1　加法

code examples/sass/sass-add.png

```
001 p {
002     font-size: 10px + 2em; // *錯誤：不相容的單位
003     font-size: 10px + 6px; // 16px
004     font-size: 10px + 6;   // 16px
005 }
```

圖 285 ｜不使用 `calc()` 函數來做加法。只要確保兩個值的格式相符即可。

25.9.2　減法

減法運算子（-）的運作方式與加法相同。

code examples/sass/sass-subtract.png

```
001 div {
002     height: 12% - 2%;
003     margin: 4rem - 1;
004 }
```

圖 286 ｜減去不同類型的值。

25.9.3　乘法

code examples/sass/sass-multiplcation-division.png

```
001 p {
002     width: 10px * 10px;            // * 錯誤
003     width: 10px * 10;              // 100px
004     width: 1px * 5 + 5px;          // 10px
005     width: 5 * (5px + 5px);        // 50px
006     width: 5px + (10px / 2) * 3;   // 20px
007 }
```

圖 287 ｜ 乘法和除法（最後一個範例）。

25.9.4　除法

除法就有些微妙了。因為在標準 CSS 中，除法符號已保留給某些速記屬性使用，而 SCSS 聲稱與標準 CSS 相容。

code examples/sass/sass-css-slash.png

```
001 p { font: 16px / 24px Arial, sans-serif; }
```

在標準 CSS 中，分隔符號會出現在速記的 font 屬性中。但它事實上並不是用來做除法。那麼，Sass 如何處理除法呢？

code examples/sass/sass-divisions.png

```
001 p {
002     top: 16px / 24px              // 輸出為標準 CSS
003     top: (16px / 24px)            // 進行除法（加上刮號）
004     top: #{$var1} / #{$var2};     // 使用內插，輸出為 CSS
005     top: $var1 / $var2;           // 進行除法
006     top: random(4) / 5;           // 進行除法（與函數結合時）
007     top: 2px / 4px + 3px          // 進行除法（為算式的一部分時）
008 }
```

圖 288 ｜ 如果要將兩個值相除，只要在除法運算式兩邊加上括號即可。否則，除法只能與其他一些運算子或函數結合使用。

25.9.5　餘數

它會計算除法運算的餘數。在此範例中，讓我們看看如何用它為隨意的一組 HTML 元素製作斑馬條紋圖案。

code examples/sass/sass-zebra-1.png

```
001  @mixin zebra() {
002      @for $i from 1 through 7 {
003          @if ($i % 2 == 1) {
004              .stripe-#{$i} {
005                  background-color: black;
006                  color: white;
007              }
008          }
009      }
010  }
011
012  * { @include zebra(); }
```

圖 289 ｜ 首先讓我們來製作一個斑馬 mixin。注意：下一單元將討論 @for 和 @if 規則。

這個示範需要至少一些 HTML 元素：

code examples/sass/sass-zebra-2.png

```
001  <div class = "stripe-1">zebra</div>
002  <div class = "stripe-2">zebra</div>
003  <div class = "stripe-3">zebra</div>
004  <div class = "stripe-4">zebra</div>
005  <div class = "stripe-5">zebra</div>
006  <div class = "stripe-6">zebra</div>
007  <div class = "stripe-7">zebra</div>
```

圖 290 ｜ 此 mixin 實驗的 HTML 原始碼。

這是瀏覽器的結果：

code examples/sass/sass-zebra-3.png

圖 291 | 斑馬 @mixin 生成的斑馬條紋。

25.9.6 比較運算子

code examples/sass/sass-condition.png

Operator	Example	Description
==	x == y	若 x 等於 y，則回傳「true」
!=	x != y	若 x 不等於 y，則回傳「true」
>	x > y	若 x 大於 y，則回傳「true」
<	x < y	若 x 小於 y，則回傳「true」
>=	x >= y	若 x 大於或等於 y，則回傳「true」
<=	x <= y	若 x 小於或等於 y，則回傳「true」

圖 292 | 比較運算子。

比較運算子要如何付諸運用？我們可以試試編寫一個如果大於邊距就會選擇 padding 大小的 @mixin：

code examples/sass/sass-spacing-example.png

```
001  @mixin spacing($padding, $margin) {
002      @if ($padding > $margin) {
003          padding: $padding;
004      } @else {
005          padding: $margin;
006      }
007  }
008
009  .container {
010      @include spacing(10px, 20px);
011  }
```

圖 293 ｜比較運算子的運用。

編譯後，我們會得到以下 CSS：

code examples/sass/sass-condit-result.png

```
001  .container { padding: 20px; }
```

圖 294 ｜有條件的間距 @mixin 之結果。

25.9.7 　邏輯運算子

code examples/sass/sass-logical-operators.png

運算子	範例	敘述
and	x and y	如果 x 和 y 為真，則回傳「true」
or	x or y	如果 x 或 y 為真，則回傳「true」
not	not x	如果 x 非真，則回傳「not true」

圖 295 ｜邏輯運算子。

code examples/sass/sass-mixin-button-color-1.png

```
001  @mixin button-color($height, $width) {
002      @if(($height < $width) and ($width >= 35px)) {
003          background-color: blue;
004      } @else {
005          background-color: green;
006      }
007  }
008
009  .button {
010      @include button-color(20px, 30px)
011  }
```

圖 296 ｜ 使用 Sass 邏輯運算子製作一個會依據其寬度來改變其背景色的
按鈕顏色 class。

25.9.8 字元串

在某些情況下，你可以將字元串加到有效的無引號 CSS 值
中，只要加上的字元串是結尾即可：

code examples/sass/sass-string-0.png

```
001  p {
002      font: 50px Ari + "al";  // 編譯後為 50px Arial
003  }
```

圖 297 ｜ 將一般的 CSS 屬性值與 Sass ／ SCSS 字元串組合。

反過來說，以下範例將產生編譯錯誤：

code examples/sass/sass-string-00.png

```
001  p {
002      font: "50px " + Arial;   // 錯誤
003  }
```

圖 298 ｜ 此範例無法執行

210

你可以將字元串加在一起而不使用雙引號，只要字元串不包含空格即可。例如，以下範例將無法編譯：

code examples/sass/sass-string-3.png

```
001  p:after {
002      content: "Quoted string with " + added tail.;
003  }
```

圖 299 ｜此範例也無法執行

解決方案是？

code examples/sass/sass-string-4.png

```
001  p:after {
002      content: "Quoted string with " + "added tail.";
003  }
```

圖 300 ｜包含空格的字元串必須用引號引起來。

code examples/sass/sass-string-5.png

```
001  p:after {
002      content: "Long " + "String " + "Added";
003  }
```

圖 301 ｜加上多個字元串。

code examples/sass/sass-string-6.png

```
001  p:after {
002      content: "Long " + 1234567 + "Added";
003  }
```

圖 302 ｜加上數字和字元串。

此程式碼將會編譯成以下 CSS：

code examples/sass/sass-each-compiled.png

```
001  .platypus-icon {
002      background-image: url("/images/platypus}.png");
003  }
004  .lion-icon {
005      background-image: url("/images/lion.png");
006  }
007  .sheep-icon {
008      background-image: url("/images/sheep.png");
009  }
010  .dove-icon {
011      background-image: url("/images/dove.png");
012  }
```

圖 308 ｜ 編譯後的動物圖示。

25.10.5 @while

code examples/sass/sass-while-10.png

```
001  $index: 5;
002  @while $index > 0 {
003      .element-#{$index} { width: 10px * $index; }
004      $index: $index - 1;
005  }
```

圖 309 ｜ while 迴圈。

code examples/sass/sass-while-html-elements.png

```
001  .element-5 { width: 50px; }
002  .element-4 { width: 40px; }
003  .element-3 { width: 30px; }
004  .element-2 { width: 20px; }
005  .element-1 { width: 10px; }
```

圖 310 ｜ while 迴圈產生的 5 個 HTML 元素。

216

25.11　Sass 功能

用 Sass / SCSS，你可以像任何其他語言一樣定義函數。

讓我們來製作一個 `three-hundred-px` 函數，讓它回傳 300px 的值。

code examples/sass/sass-function-example.png

```
001  @function three-hundred-px() {
002      @return 300px;
003  }
004
005  .name {
006      width: three-hundred-px();
007      border: 1px solid gray;
008      display: block;
009      position: absolute;
010  }
```

圖 311 ｜回傳一個值的函數範例。

code examples/sass/sass-div-hello.png

```
001  <div class = "name">Hello.</div>
```

當 `.name` class 套用在元素時，其寬度將為 300px：

code examples/sass/sass-hello-simple.png

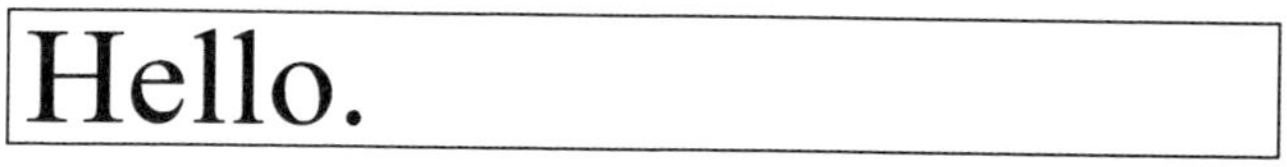

Hello.

26 特斯拉 CSS 藝術

儘管 CSS 語言主要是用來協助架設網站和 Web 應用軟體的版面配置，但一些才華橫溢的 UI 設計師將它推向了極限！有人認為這樣做並沒有實際用途，但不可抹滅的事實是⋯這些藝術家運用他們對 CSS 屬性和值的深入了解，做出了具有挑戰性的設計。

以下是「太空中的特斯拉」的 CSS 模型，是 Sasha Tran（Twitter@sa_sha26）專為本書設計的！

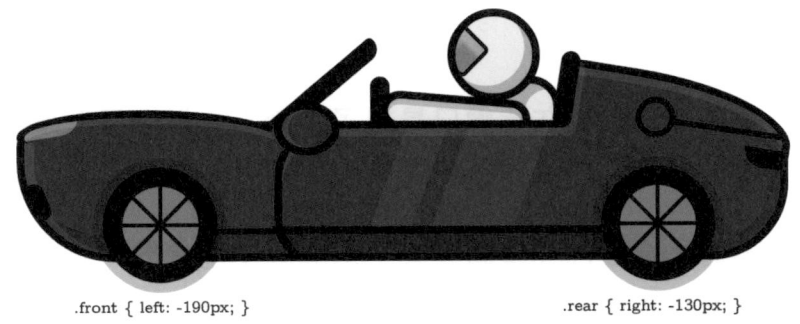

.front { left: -190px; }   .rear { right: -130px; }

圖 317｜太空中的特斯拉，由 Sasha Tran（@sa_sha26）完全使用 CSS 設計而成，如果你想與才華橫溢的 UI 設計師保持聯繫，一定要追蹤她。

本書的最後這些頁面，將詳細描述汽車的每個單獨部分是如何創造的、使用了哪些 CSS 屬性等。

即使對於 Web 設計師來說，製作 CSS 畫作也可能是一個挑戰。我們要把目前為止所學到的一切都派上用場！

一切都關乎你對 CSS 屬性的熟練程度：`overflow:hidden`、`transform:rotate`、`box-shadow` 和 `border-radius`。

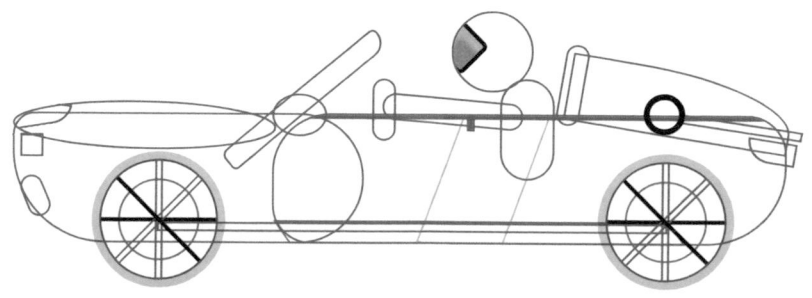

圖 318 ｜將所有背景變透明，你便可以清楚地看到這部特斯拉的結構，它是由幾個 HTML `<div>` 元素組成的。

接下來的頁面中，我們將分解汽車的每個重要元素來示範它建構的方式。

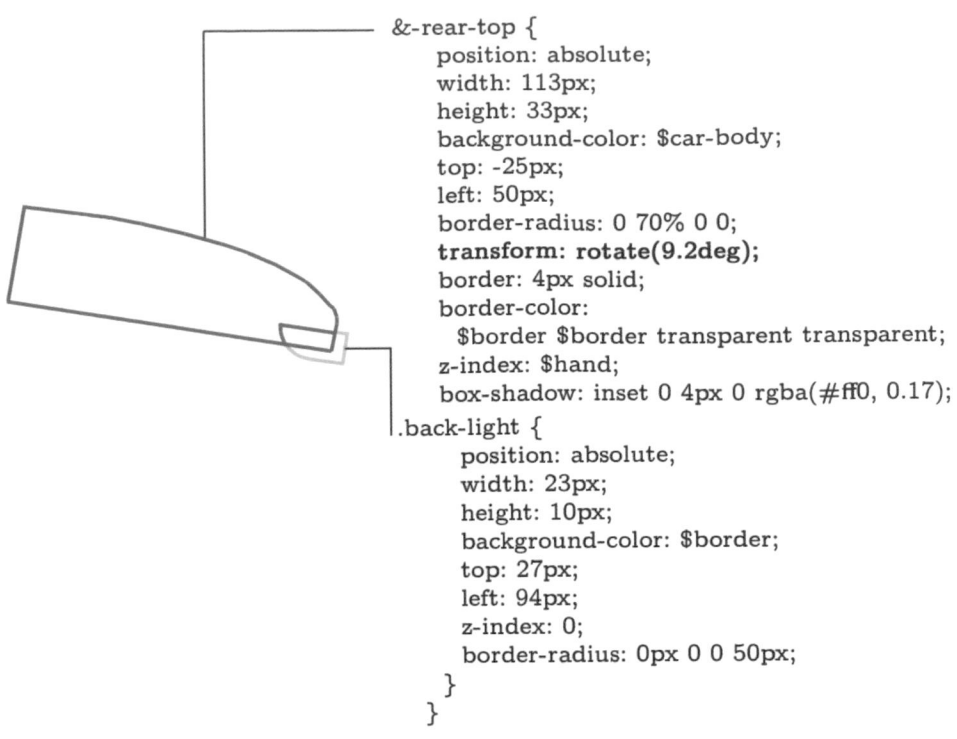

```
&-rear-top {
    position: absolute;
    width: 113px;
    height: 33px;
    background-color: $car-body;
    top: -25px;
    left: 50px;
    border-radius: 0 70% 0 0;
    transform: rotate(9.2deg);
    border: 4px solid;
    border-color:
      $border $border transparent transparent;
    z-index: $hand;
    box-shadow: inset 0 4px 0 rgba(#ff0, 0.17);
.back-light {
    position: absolute;
    width: 23px;
    height: 10px;
    background-color: $border;
    top: 27px;
    left: 94px;
    z-index: 0;
    border-radius: 0px 0 0 50px;
  }
}
```

圖 321 ｜ 在創作 CSS 畫作時，`overflow:hidden` 的重要性不容忽視。尾燈使用的技巧和與前兩個範例一模一樣。汽車的後半部是一個旋轉的矩形，只有一個角是圓形的。在這裡，你只需遵循你的藝術直覺，做出符合你的喜好和風格感的形狀。

```
&-fender {
    position: absolute;
    top: -2px;
    left: -100px;
    width: 260px;
    height: 65px;
    border-radius: 30px 20px 40px 20px;
    background-color: #ce4038;
    border: 4px solid;
    border-color: $border;
    z-index: $car-rear;
    overflow: hidden;
    box-shadow: inset 0 4px 0 rgba(#fff, 0.17),
      inset -5px -4px 0 rgba(#333, 0.2);
```

圖 322｜向後延伸的汽車底座只是一個大的矩形 div 元素，有圓角和內部 box-shadow。

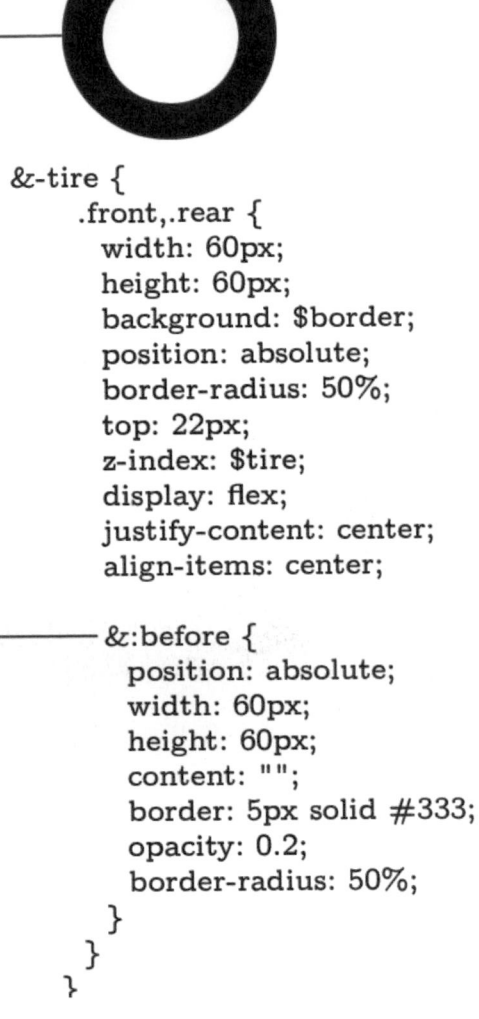

```
&-tire {
    .front,.rear {
      width: 60px;
      height: 60px;
      background: $border;
      position: absolute;
      border-radius: 50%;
      top: 22px;
      z-index: $tire;
      display: flex;
      justify-content: center;
      align-items: center;

      &:before {
        position: absolute;
        width: 60px;
        height: 60px;
        content: "";
        border: 5px solid #333;
        opacity: 0.2;
        border-radius: 50%;
      }
    }
}
```

圖 323 | 這裡又再度使用 SCSS，& 代表「這個」（在概念上類似於 JavaScript 中的「this」物件），表示 ... 該元素指的是自己。正如本書其中一章中所介紹的，:before（以及 :after）偽選擇器事實上包含在同一 HTML 元素中。它們可以用來創造其他形狀，而不必內嵌更多元素。

230

以上就是整本書的內容了！我只討論經常用來繪製 CSS 畫作的主要 CSS 屬性。為了避免累贅，我跳過了一些最明顯的屬性。例如，你應該已經知道如何使用 `top`、`left`、`width` 和 `height` 屬性。

若想在 `codepen.io` 上查看特斯拉的原始 CSS 程式碼，請至下列的 URL：

`https://codepen.io/sashatran/pen/gvVWKJ`

圖 324 ｜ 此圖是使用 CSS 創作的。

貢獻者

一本書很少是完全由一個人寫成的。雖然書中的所有圖表都是由筆者製作的,但是如果沒有其他才華橫溢的藝術家、平面設計師和編輯的貢獻,本書還是無法完成。他們的姓名列在下方。我很高興能有一支由貢獻者和志願者組成的團隊,他們經過數次的編輯修改,共同促成這本書今日的模樣。

致謝

前端工程師 Sasha Tran 提供了特斯拉的 CSS 版本,以及完整的 CSS 原始程式碼。如果你喜歡她的 CSS 藝術作品,可以透過她的網站 *sashatran.com*、到 *https://codepen.io/sashatran/* 或在 Twittersa sha26 上的 Codepen.io 帳戶找到她。

編輯 Katya Sorok 指出了本書無數需要改進的文字和影像。她的 Twitter 帳戶名是 *@KSorok*。

感謝平面設計師 Fabio Di Corleto 貢獻了「太空中的特斯拉」影像的原始概念。如果你正在尋找才華洋溢的平面設計師,可以透過 *fabiodicorleto@gmail.com* 或透過他的 *Instagram* 和 *Dribbble* 頁面與他聯絡。在各個社群媒體帳戶中,他的帳戶名都是相同的 *fabiodicorleto*。

特別感謝

UI 工程師 **Diana Smith Smith**,她創作了令人難以置信的 CSS 畫作。如果你想看看最新版本的 Chrome 瀏覽器中

CSS 能耐的極限，我極力推薦她的作品網站（*http://diana-adrianne.com*），非常值得一看！網路上再也找不到其他這種類型的原創 CSS 藝術了。

圖 325 ｜ Diana A Smith 的 CSS 畫作。你可以在以下網址欣賞到。網址為 https://diana-adrianne.com/purecss-francine/

CSS 視覺辭典

作　　　者：Greg Sidelnikov
譯　　　者：張雅芳
企劃編輯：莊吳行世
文字編輯：詹祐甯
設計裝幀：張寶莉
發 行 人：廖文良

發 行 所：碁峰資訊股份有限公司
地　　　址：台北市南港區三重路 66 號 7 樓之 6
電　　　話：(02)2788-2408
傳　　　真：(02)8192-4433
網　　　站：www.gotop.com.tw
書　　　號：ACL061700
版　　　次：2021 年 06 月初版
建議售價：NT$520

國家圖書館出版品預行編目資料

CSS 視覺辭典 / Greg Sidelnikov 原著；張雅芳譯.-- 初版.-- 臺
　　北市：碁峰資訊, 2021.06
　　　面；　　公分
　　ISBN 978-986-502-876-3(平裝)
　　1.CSS(電腦程式語言)　2.網頁設計
312.1695　　　　　　　　　　　　　　　　　110009472

讀者服務

- 感謝您購買碁峰圖書，如果您對本書的內容或表達上有不清楚的地方或其他建議，請至碁峰網站：「聯絡我們」\「圖書問題」留下您所購買之書籍及問題。(請註明購買書籍之書號及書名，以及問題頁數，以便能儘快為您處理)

  http://www.gotop.com.tw

- 售後服務僅限書籍本身內容，若是軟、硬體問題，請您直接與軟體廠商聯絡。

- 若於購買書籍後發現有破損、缺頁、裝訂錯誤之問題，請直接將書寄回更換，並註明您的姓名、連絡電話及地址，將有專人與您連絡補寄商品。